社区（老年）教育系列丛书

老年心理健康
培育教程

主　编　马帮敏

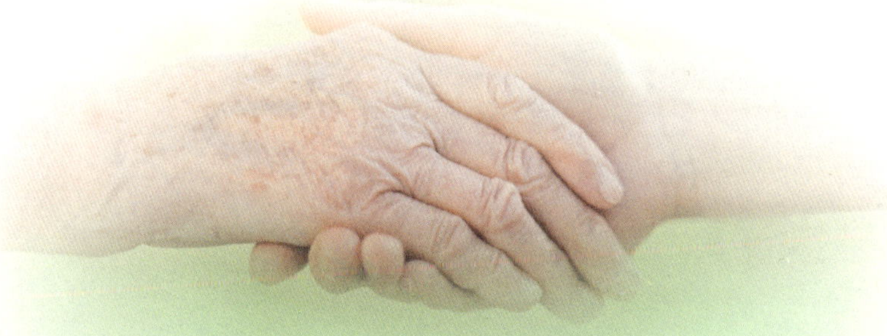

郑州大学出版社

图书在版编目(CIP)数据

老年心理健康培育教程 / 马帮敏主编. —郑州:郑州大学出版社, 2022.6
(社区(老年)教育系列丛书)
ISBN 978-7-5645-8704-8

Ⅰ. ①老… Ⅱ. ①马… Ⅲ. ①老年人-心理保健-中老年读物 Ⅳ. ①B844.4-49

中国版本图书馆 CIP 数据核字(2022)第 076790 号

老年心理健康培育教程
LAONIAN XINLI JIANKANG PEIYù JIAOCHENG

选题策划	孙保营　宋妍妍	封面设计	耀东设计
责任编辑	宋妍妍	版式设计	陈　青
责任校对	樊建伟	责任监制	凌　青　李瑞卿
出版发行	郑州大学出版社有限公司	地　　址	郑州市大学路 40 号(450052)
出 版 人	孙保营	网　　址	http://www.zzup.cn
经　　销	全国新华书店	发行电话	0371-66966070
印　　制	河南美图印刷有限公司		
开　　本	787 mm×1 092 mm　1/16		
印　　张	20.75	字　　数	227 千字
版　　次	2022 年 6 月第 1 版	印　　次	2022 年 6 月第 1 次印刷
书　　号	ISBN 978-7-5645-8704-8	定　　价	66.00 元

社区(老年)教育系列丛书

编写委员会

《老年心理健康培育教程》

作者名单

主　编　马帮敏

副主编　乔永平　孙雪莹

前　言

2017年,联合国世界卫生组织提出新的年龄划分标准：44岁以下为青年；45岁至59岁为中年；60岁至74岁为年轻的老人或老年前期；75岁至89岁为老年；90岁以上为长寿老人。

2021年5月11日,第七次全国人口普查公报显示,中国60岁及以上的老年人口已超过2.64亿,占总人口13.5%,中国已进入老龄化社会。关注老年人心理健康是保障社会安定的重大问题,老年人不仅需要必要的物质条件以及身体上的照顾,更需要在精神生活方面得到满足。工作的离退休、生理功能的衰退和生活遭遇等未能及时调整,会导致老年人各种不良心态及心理障碍的产生,尤其在疫情常态下老年心理疾患更为严重的背景下,我们依据国务院、卫健委推出《健康中国行动(2019—2030)》和《河南省人民政府办公厅关于印发河南省老年教育发展规划(2017—2020年)的通知》(豫政办〔2017〕128号)文件,在河南省社区教育服务指导中心办公室领导的组织和指导下,编写了《老年心理健康培育教程》一书。

心理健康是身体健康的基础,《老年心理健康培育教程》一书,旨在协助社会和家人关注老年人心理健康,指导老年人“老有所养、老有所依、老有所为、老有所乐、老有所教、老有所学”,帮助老年人学会调节积极情绪,自我疗治心疾,保持健康心态,重视保健养身;助推老年人延年益寿,老年生活更加温馨从容,“风雨夕阳后,景色尤更娇”。

《老年心理健康培育教程》一书,由长期从事心理健康教育的教师共同编写,是集体智慧的结晶。本书由主编马帮敏进行总体框架设计,提出编写大纲,并负责统稿和最后的定稿工作。参加本书编写的教师和具体分工如下:第一篇,老年认识心理现象(马帮敏);第二篇,老年心理变化及特征(马帮敏);第三篇,老年心理健康优化(马帮敏);第四篇,老年心理健康训练(孙雪莹);第五篇,老年不良心态及调整(孙雪莹);第六篇,老年心理测试及建议(乔永平);第七篇,老年心理障碍及诊治(乔永平)。

在本书的编写过程中,参编人员参阅了若干相关资料,这里向原作者谨表谢意。由于老年心理健康培育是一门新兴学科,其体系尚属初创,许多理论问题和框架问题有待进一步探讨,加之编者水平有限,不足之处在所难免,欢迎批评指正。

马帮敏

2022 年 1 月

目　录

第一篇　老年认识心理现象

学习目标

1. 了解思维是心灵的中枢。
2. 熟悉情绪情感是内心的体验。
3. 掌握心理现象是心灵的海洋。

// 案例导入

莎士比亚的名著《罗密欧与朱丽叶》的故事人尽皆知：罗密欧与朱丽叶相爱，但由于双方家庭有世仇，他们的爱情遭到了家人的阻碍，但压制并没有使他们分手，反而使他们爱得更深，直至殉情。心理学把这种爱情中的人“越是艰险越向前”的现象称为“罗密欧与朱丽叶效应”，即当出现干扰恋爱双方爱情关系的力量时，恋爱双方的情感反而会加强，恋爱关系也因此更加牢固。这是有关爱情的一种心理“怪”象。认知失调理论解释了这个颇具罗曼蒂克色彩的效应。当人们被迫做出某种选择时，会对这种选择产生高度的心理抗拒，而这种心态会促使人们做出相反的选择，在实际上增加自己对所选择对象的喜欢。因此,人们在选择恋爱对象时,由于人们对父母反对等恋爱阻力的心理抗拒作用,反而会使双方的感情更牢固;当这种恋爱阻力消失时,双方却有可能分开。经历过重重阻力和生死考验的爱情,不一定会经得起平凡生活的冲击。当爱情的阻力不存在时,也许曾经苦恋的两个人反而失去了相爱的力量。

// 心理提示

老年朋友要了解心理学知识,洞察子女的内心世界,对于子女的恋爱婚姻不宜武断干预,只能旁征博引,顺其自然,否则会适得其反。

2019 年 7 月,国务院、卫健委推出《健康中国行动(2019—2030)》,促进人民重视心理健康,到 2030 年提升居民心理健康水平目标为 30%。依据卫健委发布的《心理健康素养十条》,国家、社会、家庭和老年朋友都要关注对心理健康核心知识的知晓情况、认可程度、行为改变等心理健康素养内容。

随着新型冠状病毒肺炎疫情(以下简称新冠肺炎疫情或疫情)防控形势积极向好,公众的心理状况也随之发生变化。疫情带来的“潮水般”的心理应激反应逐渐衰退,不同人群的心理差异进一步显现。2020 年 3 月 18 日,为进一步加强重点人群心理疏导和心理干预,国务院应对新冠肺炎疫情联防联控机制印发《新冠肺炎疫情心理疏导工作方案》,实时研判老年人心理变化,因时因势调整社会心理服务的工作着力点和应对举措,维护老年心理健康,促进社会和谐稳定。

面对疫情，老年人要提高心理免疫力，给心理穿好“防护服”。在疫情常态下，要维护好老年朋友的心理健康，提升老年朋友的心理健康素养水平；使老年人与心灵相约，与健康同行，助推老年朋友延年益寿；使老年生活更加温馨从容，风雨夕阳后，景色尤更娇。

一、心理现象——心灵的海洋

法国文学家雨果说过，世界上最宽阔的是海洋，比海洋更宽阔的是天空，比天空更宽阔的是人的心灵。人的心理现象是心灵的海洋，心理学是研究人的心灵的科学。要研究老年人的心理变化，首先应了解人的心理实质和心理现象。

（一）心理实质

作为万物之灵的人类，很多方面难以和其他动物匹敌。比如，在力量上，人类比不上牛和马；在速度上，人类跑不过豹和羚羊；在听觉、视觉和嗅觉方面，人类比不上猫、鹰和猎狗。但是经过漫长的生物进化历程，人类逐渐成为世界上最具创造力的生物体，关键在于人类有一个重要的特别器官——大脑。大脑已成为世界上最复杂的系统，而人类心理行为也相应具备了复杂性与变异性。

辩证唯物主义认为：心理是脑的功能，脑是心理的器官，心理是客观现实在脑的反映，客观世界是心理产生的源泉，实践活动是心理发生、发展的基础。

1. 脑是心理的器官,心理是脑的机能

脑科学家经过多年的观察研究和临床实践,发现脑的结构与生理功能对心理和行为活动产生重要影响。

大脑皮层分四大叶:额叶、颞叶、顶叶、枕叶。大脑有五大机能区:视觉区、听觉区、躯体感觉、躯体运动、言语区。脑损伤或病变会引起患者心理机能的丧失。当人脑由于外伤或疾病遭受破坏时,人的心理活动会部分或完全丧失。如果某一脑区受损,心理活动就不能正常进行。临床发现,大脑皮层(神经细胞层)的枕叶(视觉区)遭破坏,即大脑左右半球的后部受损,人就变成盲人;大脑皮层的额叶(运动区)受损,即大脑左右半球的前部受损,人就不能用言语调节行动;大脑皮层的顶叶(感觉区)受损,即大脑顶部受损,人就变成植物人;运动语言中枢损伤时,患者产生失语症;听觉语言中枢受损时患者听不懂别人说话的意义(图 1-1)。这种脑的部位与某种心理活动的对应研究表明,心理现象是神经系统的属性。大脑是心理活动的物质基础。脑是心理的器官,心理是脑的机能,如同肺是呼吸的器官,呼吸是肺的机能一样。

2. 心理活动是对客观现实的反映

(1)客观现实是心理活动的源泉,心理反映的内容来自客观现实。客观现实是心理源泉,脑是加工厂,感觉是原材料采购员,心理是产品。心理活动是以高度发达的大脑为物质基础的,但客观现实才是心理产生的源泉,没有客观事物的刺激作用,大脑不能产生任何心理现象,正是由于客观事物的多样性,才有心理活动的多

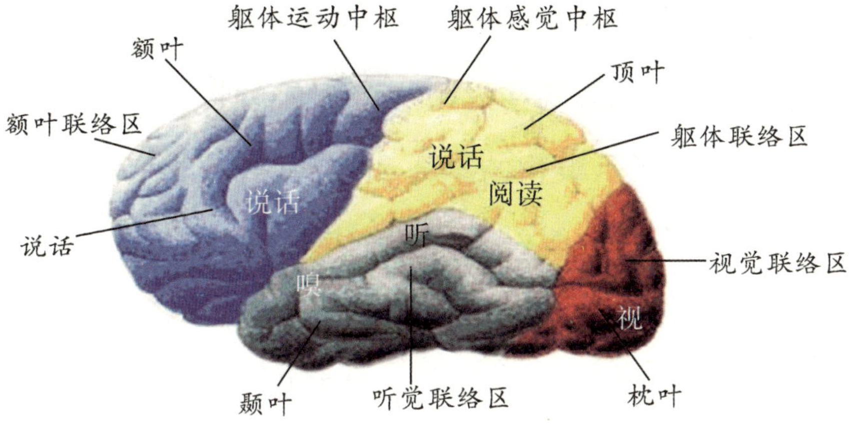

图 1-1 大脑结构功能示意图

样性和复杂性。

客观现实是指人的心理以外的一切客观存在,包括自然环境和社会环境。例如,人能感知到的河流、山川、树木等,是人对自然界客观事物存在状态的反映;那些神话故事、科幻小说中虚构的各种形象,尽管本身超脱现实,但构成它们的原始素材还是来源于我们生活的客观世界。

(2)人的心理是对客观现实的主观能动反映。客观现实是具有物质实在性的具体事物,而心理是人脑对客观现实的主观映象,是一种精神现象。心理对客观事物的反映都是由每一个具体的人进行的,而人的知识经验、思想观点等个体特点总会影响一个人对客观事物的反映。比如,同样是面对夕阳,在唐代诗人李商隐的笔下是"夕阳无限好,只是近黄昏",带有悲观的色彩;而在叶剑英元帅的笔下,却是"老夫喜作黄昏颂,满目青山夕照明",反映了十分乐观的精神面貌。对同一棵树,林学家会分辨它是针叶或阔叶;画家会考虑它的画面和线条;作家会联想白杨礼赞或松树风格。同时，脑对客观现实的反映不是像镜子一样机械被动的反映，而是一种积极能动的反映。人脑在反映客观现实的过程中，还会经过抽象的思维和概括，揭示事物的本质和规律，进行各种发明与创造，不断推进自然科学和人类社会文明向前发展。例如，爱迪生发明电灯、贝尔发明电话等。

(3)社会生活实践是人心理产生的基础，人的一切心理活动都是在认识和改造客观现实的实践中形成和发展起来的，没有人的社会实践就没有人的心理。也就是说，正是人的社会实践促进了个体心理的发展与完善。如果个体出生不久就脱离了人类社会生活，即使他具有正常人脑的组织结构，也不可能产生正常人的心理。另外，个体在成年后如果长期脱离人的社会生活，也将使其原有的正常心理变得失常，甚至丧失。一个人的心理反映他个人的全部生活历程，即“自古雄才多磨难，纨绔子弟少伟男”。由此可见，社会实践对人的心理变化起着极为重要的作用，这种作用在人生的早期则更显突出。

（二）心理现象

人的心理现象是指人的心理活动经常表现出来的各种形式、形态或状态，如感觉、知觉、想象、思维、记忆、情感、意志、气质、性格，等等。

人的心理现象是最复杂、最奇妙的现象，恩格斯曾把它誉为“地球上最美的花朵”。人可以看到五彩缤纷的世界，倾听优美的音乐，记忆异常丰富的知识；能运用自己的思维去探索自然和社会的各种奥秘;能通过自主的活动来满足自己的各种需要。总之,人类关于自然和社会的各种知识,在认识世界、改造世界方面所取得的一切成就,都与人心理的存在及发展分不开。

从心理活动的动态变化过程、相对持续状态和比较稳定特征这三个维度来看,可以把人的心理活动分为心理过程、个性心理和心理状态三个方面。

1. 心理过程

心理过程是指在客观事物的作用下,在一定的时间内人脑反映客观现实的过程,它包括认知过程、情绪情感过程及意志过程,即知、情、意。这三个心理过程是相互联系、相互促进、相辅相成的统一体。

当人们处于觉醒状态时,总是在从事着这样或那样的活动,如生产劳动、科学实验、技术革新、文艺创作、社会交往、娱乐活动,等等。在这些活动中,人们首先要弄清楚的是,与自己打交道的客观对象(包括人和物)究竟是什么。为此,人们就需要不断地注意着、观察着、思考着、想象着,并且铭记着这些周围的事物和对象。

当人们集中注意观察当前的事物时,即产生了感觉和知觉这样的心理活动。感觉和知觉是人脑对直接作用于感觉器官的各种事物个别属性和一般意义的认知。当人们在感觉和知觉的基础上进一步思考,即产生了思维活动,思维是人脑对客观事物的一种间接的和概括的反映,以进一步获得事物本质属性和内在联系的认知。当感知过的事物已不在眼前时,在人脑中还会再次浮现该事物的形象，心理学称为表象。而表象在人脑中再加工改造的过程，即想象，想象是人的形象思维和创新事物的一种特有的心理现象。感觉、知觉、表象、思维和想象等这些心理活动是一个连续的过程，而对构成这个连续过程起重要作用的心理条件，就是人们对曾经过的各种事物大多会以某种痕迹铭记在头脑中，并在一定条件下，通过一定方式回想起来，并继续参与各种心理活动中去。这种现象我们称之为记忆。

人们在认识事物或他人的同时，还会表露出一定的态度，产生这样或那样的感受和体验，如满意或不满意、喜爱或厌恶、热情或冷淡、欢欣或忧虑、高兴或烦恼、赞赏或鄙视、沉静或激动，等等。这些人们在认识活动中所产生的态度体验，心理学称之为情绪和情感方面的心理活动。

不仅如此，人们对与之打交道的事物和对象，并不总是满足于在认识、感受和体验上，还常常根据自己的认识和体验，产生一定的需要和动机，拟定目的和计划去行动，人们的这类活动叫作意志行动。而支配意志行动的许多内部因素和过程，如人的动机、意向、决心、坚持性等，也就是人们经常表现出来的在意志方面的心理活动。

例如，张教授清晨醒来，看到光亮照进屋子，听到窗外树上的鸟儿正在吱吱地叫个不停。她打开窗户，一阵微风吹来，感到凉爽极了。她尽情地吸了几口清新的空气，似乎嗅到了一股花香，便猜想这花香大概是从不远处的花园里吹来的。她还记得，花园里有许多花，现在也许已开花儿了。今天休息，她很高兴，便在脑子里盘算着今天如果去花园玩儿，该多么惬意啊！她很喜欢花，已有好多天没有去花园了，应该去一下。忽然她又想起，报社的约稿还没有写完，今天应该交稿了，必须忍耐一下，坚持写完。想到这里，她很快收拾了一下，吃过早饭就开始写稿了……

人的认识、情感、意志这三方面的心理活动，经常处于动态变化之中，都有其发生、发展、终止或升华的过程。所以，这些心理活动都统称为心理过程。而认识、情感、意志三种心理过程又以其相互联系、彼此制约而构成人的整个心理过程。

人的心理过程，从其活动结构和发生机制来看，具有人类的共同性，它们都受共同的规律所制约。但是，心理过程表现在每一个具体的人身上，不会完全一样，这是因为人的心理过程总是体现在人的各自不同的生活实践中，也会受到差异规律的制约，从而表现出个人心理的不同倾向和特点。

2. 个性心理

个性心理也称人格，是指一个人在心理过程的发展和进程中，经常表现出来的那些比较稳定的心理倾向和心理特点。由于每个人的先天素质不同，后天的生活环境和所受教育不同，以及各自所从事的实际活动不同，许多共性的心理现象在每个具体个体身上发生时就会表现出具体个体的自身特点，“人心不同，各如其面”，就是个性心理。

在复杂的现实生活中，由于人的环境和教育的差异，以及自身各种因素的不同，人们在形成需要、动机、兴趣、信念、理想和价值观等方面,总会有这样或那样的个别差异。上述这些差异,就是人们经常表现出来的不同的个性倾向性。

在人们的认识、情感、意志和行为中,也常常反映着个人与个性倾向性相关联的许多不同的心理特点。譬如,对同一事物的认识,有的人感知敏锐、思维深刻、想象丰富;而有的人则感知迟缓、思维肤浅、想象贫乏。有的人记忆速度快且保持长久;有的人则记得慢且易遗忘。有的人善于形象思维;有的人则善于抽象思维。有的人善于解决问题,富于创造;而有的人则遵循常规,不善开拓……凡此种种在认识及其活动效率方面表现的不同,就形成了人们在能力或智力方面的个别差异。

又如,有的人性情暴烈,易于激动;有的人则性情温和,不易发脾气。有的人反应迟缓,情感内向;有的人反应敏捷、情感外向。有的人情感深沉、动作有力;而有的人则心境易变、行动不定……这些表现在情感、情绪等心理活动动力方面的不同特点,就形成人们在气质方面的个别差异。

再如,有的人经常是活泼愉快的;有的人则经常多愁善感。有的人善于交际;有的人则安然沉静。有的人勇敢顽强;有的人怯懦软弱。有的人主动进取;有的人被动不前。有的人机智果断;有的人优柔寡断。有的人大公无私;有的人私心重重……凡此种种在人们的态度和行为方式上的不同特点,就形成了人们在性格方面的个别差异。

人们在能力、气质和性格等方面所表现出来的这些差异,心理学统称为个性心理特点。个性倾向性和个性心理特点有机地、综合地体现在一个人的身上，就构成了一个人完整的个性心理，简称个性。

人的心理是人脑对客观事物的反映，是人的心理过程和个性心理的统称。

人的心理过程和个性心理既有区别又有联系，两者不可分割。一方面，个性心理是通过心理过程形成的；另一方面，已形成的个性心理又制约心理过程的进行，在心理活动过程中得到表现。对二者区别分析研究是为了深入了解人的各种心理现象；将二者结合起来研究，则为了掌握人的心理全貌。

3. 心理状态

心理状态是指在心埋活动的进程中，或从心理过程到个性心理特点形成的过渡阶段，常常会出现一种相对持续的状态。例如，伴随着心理过程的注意状态；在创造性思维过程中出现的灵感状态；在情绪过程中出现的心境状态、激情状态；在意志过程中表现出来的信心、决心和犹豫状态，等等。这些心理状态，只是在心理活动的进程中，在一定的时限出现的某种相对持续的状态，它既不像心理过程那样动态、变化；也不同于个性心理特点那样持久、稳定。

心理状态常常是从心理过程的发展到个性心理特点形成的一个过渡环节。例如，在日常生活中，一个人常会出现某种激情，可能只是一时激动，但是，这种心理状态如果经常不能主动加以控制，那么久而久之，便容易形成性情暴烈、易发脾气等比较稳定的个性特点。又如，一个人可能处事一时犹豫，不是对什么事都犹豫，这是常会出现的一种短暂的心理状态；但如果久而久之任其发展下去，成为习惯，也容易形成比较稳定的优柔寡断个性特点。

根据以上对人的心理活动系统的描述，可以把人的心理现象结构概括如下（图 1-2）。

- 心理现象
  - 心理过程
    - 认识过程——感知、表现、思维、想象、记忆等
    - 情感过程——对事物的态度体验过程
    - 意志过程——意志行动的心理过程
  - 心理状态——注意、灵感、激情、犹豫等
  - 个性心理
    - 个性倾向性——需要、动机、兴趣、理想、信念等
    - 个性特征——能力、气质、性格
    - 自我意识——自我认识、自我体验、自我调控

图 1-2　心理现象的结构

以上对心理现象的分类，只为便于读者了解和掌握。在实际生活中，人们所表现的各种心理现象密切联系，交互影响，具有高度的整合性。

第一，在整个心理过程中，人的认识、情感和意志三个方面是密切联系、相互影响的。情感和意志是在认识的基础上产生的，并随着认识过程的深化而不断变化发展；反之，认识活动又总是受到情感和意志因素的极大影响。此外，情感又是意志行动积极的动力因素；反之，意志行动又丰富着情感。

第二，个性倾向性和个性心理特点也是密切关联的。个性倾

向渗透于各种心理特点之中，个性特点也反映出个人的倾向，两者在总体上体现着一个人完整的个性。

第三，心理过程、个性心理和心理状态三者体现着人的整体心理活动在“动态—过渡态—稳态”方面的相互关系和思想特征。说明人的个性是在心理过程的基础上逐渐形成和发展的；而个性又总是通过各种心理过程表现出来的。反之，已形成的个性倾向和特点又积极地影响着心理过程，使人的心理过程总是带有个性的色彩。

总之，心理过程和个性的相互制约关系，从整体上反映着人的心理活动的共同规律和差异规律的辩证统一。

二、感觉、知觉——认知的起点

人的心理活动是外界刺激通过感觉器官作用于大脑的结果，没有感知觉接受外界的各种刺激，心理活动就成了无源之水。因此，感知觉是所有心理活动的出发点。

（一）感觉、知觉的内涵与意义

1. 感觉

（1）感觉的内涵。感觉是人脑对直接作用于感觉器官的客观事物个别属性的反映。如看到某种颜色、听见某种声音、尝到某种味道等。这些色、声、味就是事物的个别属性。同时，感觉也反映机体所发生的变化，如个体的运动、内脏器官的活动情况等。

(2)感觉的意义。人对客观事物的认识是从感觉开始的,它虽然是一种最简单的心理现象,但又是一切较高级、较复杂心理现象的基础。人的知觉、记忆、思维等复杂的认识活动,必须借助于感觉提供的原始资料才能得以展开;情绪体验、个性形成也必须依靠人对环境和身体内部状态的感觉。人类依靠多种感觉从周围环境获得必要的信息,是保证机体正常生存所必需的。因此,没有感觉,一切较复杂、较高级的心理现象就无从产生。

(3)感觉的种类(表 1-1)。人们通过各种不同的感觉器官来获得外界或自身的各种信息。根据信息的来源不同,感觉可以分为两大类:外部感觉(视觉、听觉、味觉、嗅觉、肤觉)和内部感觉(机体觉、运动觉、平衡觉)。

表 1-1 感觉的种类

<table>
<tr><th colspan="3">感觉名称</th><th colspan="2">感受器</th><th>适宜刺激</th></tr>
<tr><td rowspan="8">外部感觉</td><td colspan="2">视 觉</td><td colspan="2">眼球视网膜上的视细胞</td><td>光(电磁波刺激)</td></tr>
<tr><td colspan="2">听 觉</td><td colspan="2">内耳耳蜗科蒂氏器中的毛细胞</td><td>声(机械刺激)</td></tr>
<tr><td colspan="2">嗅 觉</td><td colspan="2">鼻腔上部黏膜中的嗅细胞</td><td>气体(挥发性物质)</td></tr>
<tr><td colspan="2">味 觉</td><td colspan="2">舌头味蕾中的味细胞</td><td>液体(水溶性物质)</td></tr>
<tr><td rowspan="4">肤觉</td><td>温觉</td><td rowspan="4">皮肤黏膜中的神经末梢</td><td>温点</td><td>热(电磁波刺激)</td></tr>
<tr><td>冷觉</td><td>冷点</td><td>冷(电磁波刺激)</td></tr>
<tr><td>触觉</td><td>压点</td><td>压力(机械刺激)</td></tr>
<tr><td>痛觉</td><td>痛点</td><td>伤害性刺激</td></tr>
</table>

续表 1-1

感觉名称		感受器	适宜刺激
内部感觉	平衡觉	内耳前庭管中的毛细胞	身体的位置变化和运动（机械刺激）
	运动觉	肌、腱、关节中的神经末梢	身体的位置变化和运动（机械刺激）
	机体觉	内脏器官壁上的神经末梢	机械刺激、化学刺激

（4）感觉的基本规律。

1）感受性与感觉阈限。感受性是感觉器官对适宜刺激的感觉能力（或感觉的灵敏程度）。心理学用感觉阈限来度量感觉能力。感觉阈限是指能引起感觉持续一定时间的刺激量。感觉阈限有一定的范围，超出这个范围的任何刺激量都不能引起感觉。阈限值越低，感受性就越高；阈限值越高，感受性就越低，二者在数值上成反比关系。医生如能了解、掌握患者的感受性水平及其发展情况，对于疾病的防治具有积极作用。

2）感觉适应与感觉对比。感觉适应是指同一刺激物持续作用于同一感受器，从而使感受性提高或降低的现象。如人从亮处进入暗室，由什么都看不见到慢慢看清楚周围的环境，这是对暗适应，是视觉感受性提高了。反之，若在暗室里待久了，突然到强光照射的地方，最初很耀眼，看不清外界的东西，稍后才能逐步看清东西，这是对光适应，是视觉感受性降低了。触压觉、嗅觉适应现象也很明显，如棉大衣久穿在身上不觉其重，“入芝兰之室，久而不闻其香;入鲍鱼之肆,久而不闻其臭”都是感觉适应现象。感觉对比指同一感觉器官在不同刺激物的作用下,感受性在强度和性质上发生变化的现象。对比可分为同时对比和继时对比,同时对比是指两种刺激同时作用于同一器官,从而使感受性发生变化现象。两种感觉先后发生所形成的对比称继时对比,例如,刚刚吃过山楂再吃苹果,觉得苹果很甜;若刚刚吃过甘蔗再吃苹果,会觉得苹果很酸;吃完苦药后再喝白开水会觉得水是甜的。

2. 知觉

(1)知觉的内涵。知觉是人脑对直接作用于感觉器官的客观事物整体属性的反映。感觉和知觉是两种不同而又不可分割的心理过程。感觉是知觉的基础,没有感觉对事物个别属性的反映,人们也不可能获得对客观事物整体的反映。例如:你在百花园中看到红花,通过视觉辨出花的颜色;通过嗅觉闻到花的香味;通过触觉摸到花的柔软感。你用眼、鼻、手感受到了红花的各种个别属性,在综合这些个别属性的基础上产生了对“红花”这一整体属性的认识,这就是知觉。

(2)知觉的种类。根据知觉反映的对象和特点,可分为三类:①空间知觉是个体对物体距离、形状、大小、方位和深度空间特性的反映;②时间知觉是个体对客观事物时间的延续性和顺序性的反映,即对事物运动过程中的时间长短和次序先后的知觉,如通过昼夜更换,季节变化来估计时间;③运动知觉是个体对物体的空间移动速度的反映,包括人们乘车、乘船及骑车、行走时的体验。

(3)知觉的特性。

1)整体性。知觉的对象有许多个别属性，人们在感知对象时，并不把知觉对象感知为个别的、孤立的部分，而总是在过去经验的基础上，把对象的各个部分、各种属性结合起来，整合为一个整体，这就是知觉的整体性(图1-3)。

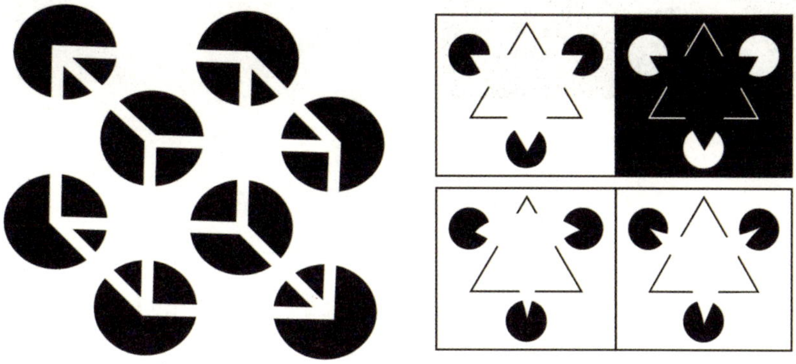

图1-3　知觉的整体性示意图

2)选择性。在多种多样的周围事物中，人们总是根据当前的需要，有选择地把某一事物作为知觉的对象，而把对象周围事物作为知觉的背景，这就是知觉的选择性。知觉的选择性与对象的特点有关，如运动的、鲜艳的、刺激性强的等，还与个人的兴趣、需要、经验有关，这些都会成为影响人们知觉选择性的因素。例如，“樵夫进山只见柴草，猎人进山只见禽兽”。知觉对象与背景的关系不是一成不变的，在一定条件或情境有变化时，两者之间是可以互相转化的。如图1-4a既可被知觉为头裹纱巾老妪，又可被知觉为侧向少女；图1-4b既可以被知觉为黑色背景上的白花瓶，又可以被知觉为白色背景上的两个黑色侧面人像。

a　　　　b

图 1-4　知觉的选择性示意图

3）理解性。当个体在感知当前事物时，总是根据已有的知识经验来理解和解释，并用概念的形式把它标示出来，这就是知觉的理解性。人的知识经验不同，知觉的理解性也不同。如一张 X 射线片，专业医师能很快发现病灶所在部位，而一般人很难做到这一点。

4）恒常性。当知觉的条件在一定范围内改变时，知觉的映象仍然保持相对不变，这就是知觉的恒常性。它包括大小恒常性、形状恒常性。如我们从不同角度看物体，虽然它在视网膜上的映像不同，但是我们总能认知为一种形状（图 1-5）。这是我们在知觉事物时，生活中的知识和经验参与知觉过程的结果。

图 1-5　知觉的恒常性示意图

3. 错觉

错觉是在外界刺激作用下产生的对客观事物的不正确知觉。各种感知觉中都存在着错觉现象，其中视错觉表现最明显（图 1-6）。人的主观因素如经验等对错觉形成有重要影响。

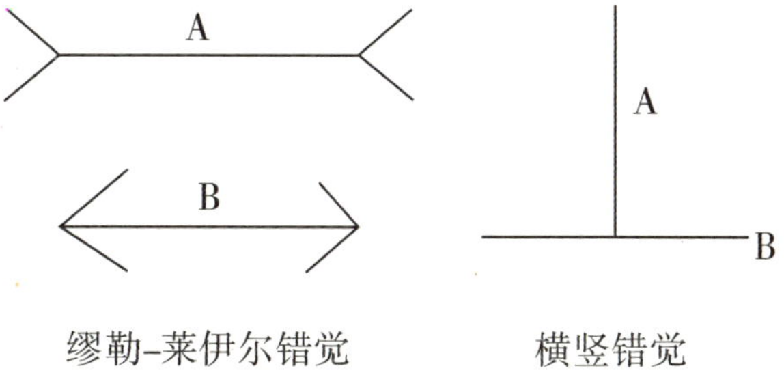

图 1-6　错觉示意图

感觉和知觉是比较初级的心理活动，是高级心理活动的基础。人类的感觉和知觉依赖于人体感觉器官的生理结构。

三、情绪、情感——内心的体验

（一）情绪和情感的内涵

情绪与情感是人对客观事物是否满足自己的需要而产生的态度体验。人在认识世界和改造世界的过程中，与周围环境不断互动，与现实事物发生多种多样的关系，对于周围的事物、他人和自己的行为，常常抱着不同的态度，有着不同的体验。这些态度总是以带有某些特殊色彩的体验的形式表现出来，一些现象令人愉快，一些现象令人悲哀，还有一些现象使人愤怒……人的喜、怒、哀、乐、惧、爱、恨等，都是常见的情绪和情感，是内心的主观体验。

（二）情绪、情感和认识

情绪和情感与认识不同，认识是对客观事物本身的反映，而情绪和情感则是客观事物与个人需要之间关系的反映。情绪和情感与认识又有密切联系。首先，认识是产生情绪和情感的基础。只有被人认识的客观事物才能引起情绪和情感。从感知来说，只有感知到了某一事物才能产生相应的情感。如聋者不知道噪音之可厌，盲者不知道美丽景色之可爱。对同一事物，由于认识不同，产生的情感也会不同。阴雨绵绵，对于久旱盼雨的农民引起的是喜悦，对于因此推迟飞行的乘客引起的是焦躁。人们对事物的认识是逐步深入和不断发展的，这就使得人们对事物所抱的态度和所产生的情绪和情感也相应发生着变化。正如古语所说："知之深，爱之切。"其次，情绪和情感对认识也有影响。这种影响可能是积极的，也可能是消极的。积极的情绪和情感可以提高认识活动的积极性，而消极的情绪和情感则会阻滞认识的发展。

（三）情绪和情感的区别与联系

情绪和情感是既有区别又有联系的两个概念。

1. 情绪和情感的区别

（1）从需要的角度看，情绪是与机体的生理需要相联系的，如人们对水、空气、运动等需要所产生的较低级的、简单的体验；而情感是与人们的社会性需要相联系的，如道德感、理智感等所引起的较高级的、复杂的体验。

（2）从发生的角度看，情绪是人和动物均具备的，带有本能的特点；但情感则是人类独有的心理现象，是个体在社会生活中逐渐发展起来的。

（3）从反映的角度看，情绪带有情境性、激动性和暂时性的特点，往往随着情境的改变而改变；而情感则具有较大稳定性、深刻性和持久性，是人对事物稳定态度的反映。

（4）从外部的表现看，情绪较为强烈，冲动性较大，具有明显的外部表现；而情感一般较微弱，较少冲动，外部表现不明显。

情绪和情感的区别如下（表 1-2）。

表 1-2 情绪与情感的区别

	情绪	情感
主体	人与动物皆有的、简单的体验	人类特有的，高级的、复杂的，并受社会历史条件制约
需要角度	与机体的生理需要相联系的体验	与人的社会性需要相联系的体验
反应特点	情境性、易变性、不稳定性	稳定性、深刻性、相对持久性
外在表现	强烈，并带有明显的外部表现和冲动性	外在表现不明显，很少有冲动性

2. 情绪和情感的联系

情绪和情感虽有区别，但它们是同一类心理过程，因而存在着密切的联系。一方面，情感离不开情绪，稳定的情感是在情绪的基础上形成的，同时又通过情绪反应得以表达，离开情绪的情感是不存在的。另一方面，情绪也离不开情感，情绪变化往往反映内在的情感，在情绪发生的过程中常常深含着情感。

情绪是情感的基础和外部表现形式，情感是情绪的本质内容，并对情绪有支配和调节作用。情绪与情感的差别是相对的，在现实生活中，具体到某一个人身上，它们常常是交织在一起的，所以从本质上看两者是一致的。

3. 情绪与情感的功能

情绪和情感在人类的心理生活和社会实践中，有着非常重要的作用。

（1）信号功能。情绪和情感是人对客观事物的体验，这种体验往往会通过表情动作表达出来，从而在人与人之间传递信息，沟通思想，这就是情绪和情感的信号功能。特别是在言语不通的情况下，凭借表情，双方也可以互相了解，达到交往的目的。

（2）感染功能。人的情绪和情感具有感染性。人与人之间的感情沟通正是由于情绪和情感的易感性功能，才能以情动情、以情感人。文学、艺术等都是以情感人，以情动人，以情育人。

（3）调节功能。情绪和情感可以调节人的生理状态和心理状态，帮助人适应不断变化着的环境。如当人们面临危险时，就会产生应激的情绪，使人体在生理上发生一系列的变化，产生较多能量，应付当前的危险。情绪和情感在一定程度上调节着人们的工作、学习和生活。

4. 情绪与情感的分类

（1）情绪的分类。

1）根据情绪的内容分为基本情绪和复合情绪。基本情绪是人和动物所共有的，不学就会的。每一种基本情绪都有其独立的生理反应、内心体验和外部表现。一般认为快乐、愤怒、恐惧和悲哀是基本情绪的四种基本形式。复合情绪是由基本情绪派生而来，是含有多种复杂情绪的状态，如由愤怒、厌恶和轻蔑组合起来的复合情绪可形成敌意。

2）按情绪的状态分为心境、激情和应激。心境是一种微弱而持久的情绪状态，它构成了人的心理活动背景。当一个人出现愉快心境的时候,无论遇到什么事情都会感到是愉快的;当一个人处在苦闷心境的时候,无论遇到什么事情都会感到闷闷不乐,这就是心境。

心境产生的原因是多方面的。如工作的好坏,学习成绩的优劣,生活习惯的改变,人际关系的融洽程度,甚至季节的变化等,都可能成为引起某种心境的原因。但在很多情况下,人并不能意识到引起心境的原因。

心境对人的工作、学习和健康有很大影响。积极的心境有助于工作和学习,能促进人的主观能动性的发挥,提高人的活动效率,并且有益于人的健康;消极的心境使人意志消沉,降低人的活动效率,妨碍工作和学习,有害于人的健康。因此,要善于调节和控制自己的心境,形成和保持积极、良好的心境。

激情是一种强烈而短暂的情绪状态,如暴怒、恐惧、绝望、狂喜等,都属于这种情绪体验。在激情状态下,主体往往伴随明显的生理和外部表情变化,如心跳加快、血压升高、呼吸急促、大发雷霆、暴跳如雷等。

激情通常是由对个人有重大意义的事情引起的。如获得成功、惨遭失败等都能成为引起当事人激情状态的强烈刺激。从心理卫生学的角度来看,激情对健康是有害的,它不仅能致病,也能致死。因此,要善于控制激情。采用注意转移法可以冲淡激情爆发的程度。

应激是出乎意料的紧急情况所引起的急速而高度紧张的情绪状态。在应激状态下,整个机体的激活水平高涨,人的肌张力、血压、内分泌、心率、呼吸系统发生明显的变化。由于身体各部分机能的改变，从而使个体发生不同的心理和行为变化。

在应激状态中，人可能有两种行为反应，一种是行为紊乱，忙中出错，不能准确采取符合当时目的的行动。同时，由于意识的自觉性降低，也会出现思维混乱、分析判断能力减弱、感知和记忆下降、注意力的分配与转移困难等情况。另一种是虽然身心紧张，但精力旺盛，思维敏捷，活动量增强，从而能更好地利用过去的经验和生理激活状态，急中生智，摆脱困难，化险为夷。

3）按社会性划分，可分为生物性情绪和社会性情绪。生物性情绪是物种进化中最早出现的为人类和动物所共有的情绪，但人和动物的情绪是有本质区别的。如饥饿引起消极的情绪体验就是生物性情绪。社会性情绪是在人类个体与养育者交往过程中获得最初发展的。如行人路见不道德行为所产生的愤怒情绪，就是社会性情绪的具体体现。

（2）情感的分类。情感是与人的社会性需要相联系的体验，是人类所特有的。情感按其内容可分为道德感、理智感和美感。

1）道德感。道德感是用一定的道德标准去评价自己或他人的思想和言行时产生的情感体验。人生活在社会上，在与周围的人交往中掌握社会道德标准，并转化为自己的道德需要。人类根据已掌握的道德标准去评价自己或别人的思想、意图和言行时，认为符合自己的道德需要，就会产生肯定性情感；如果不符合自己的道德需要，就会产生否定性情感。例如，对别人大公无私的行为产生敬佩之情，对别人的损人利己行为产生愤怒、蔑视的情感；自己尽到了社会责任感到心情舒畅,未尽到责任则感到内疚惭愧等,都属于道德感。

2)理智感。理智感是人在智力活动过程中,对认识活动成就进行评价时产生的情感体验。理智感的表现多种多样,它体现出人对自己智力活动过程与结果的态度。如发现问题时的惊奇感、疑虑感;百思不解时的焦虑不安与苦闷;获得结论时的喜悦、陶醉与自信,以及对真理的维护与热爱和对偏见、谬误的鄙视与痛恨等,都属于理智感。

3)美感。美感是人们根据自己的审美标准对自然或社会现象及其在艺术上的表现予以评价时产生的情感体验。如人们对浩瀚的大海、蔚蓝的天空、秀美的田园、漂亮的容貌、名胜古迹、艺术珍品等表示的赞美、喜爱等都是美感的表现。

四、注意——心灵的开关

(一)注意的概念

注意是心理活动对一定对象的指向和集中。指向性是指心理活动在选择性反映某个对象,同时离开其他对象;集中性是指在选择对象的同时将心理活动稳定在所选择的对象上。

注意并不是一个独立的心理过程,而总是伴随其他认识活动而出现的一种心理状态,贯穿于心理活动的始终。任何心理活动开始必须以注意为起点。注意在人的实践活动中起着很重要的作用。

（二）注意的分类

根据注意有无目的性和意志努力的程度不同，可把注意分为无意注意、有意注意和有意后注意三种。

1. 无意注意

无意注意是指事先没预定目的，也无意志努力的注意。如吃过午饭，老张夫妇靠在客厅的沙发上闭目养神，突然孙子推门而入，老张夫妇不约而同地睁开眼睛把视线朝向孙子。这种外界刺激直接作用下产生的注意就是无意注意。

2. 有意注意

有意注意是指有预定目的，需要付出一定意志努力才能维持的注意。它受意识的调节和支配，服从主体需要，具有积极主动的特性。如老张夫妇坐在客厅的沙发上看电视剧所保持的注意就是有意注意。

3. 有意后注意

有意后注意是指有预定目的，但无须意志努力的注意，又称随意后注意。一般是在有意注意的基础上发展起来的。如骑自行车初学时需高度集中注意全身投入，熟练后则像走路一样自然。有意后注意是一种高级类型的注意，具有高度稳定性，对完成长期任务有积极意义。

（三）注意的品质

1. 注意的广度

注意的广度又称注意的范围，指单位时间内注意到事物的数量的品质。注意的广度与知觉对象的特点、个体的知识经验、活动任务、情绪与兴趣状态有关。实践证明：物体越集中或者越有序地排列，注意广度就扩大；杂乱无章的物体则使注意广度缩小。对不熟悉的事物，注意广度就缩小，而对熟悉的事物，注意广度就越大。如我们看中文小说可以一目十行，而看外文小说时注意范围就小得多。

2. 注意的稳定性

注意的稳定性又称注意的持久性，指注意集中于某一事物持续的时间的品质。如医护人员集中注意手术 5~6 小时，就是注意稳定性表现。和注意的稳定性相反的是注意的分散，即平常所说的分心。我们所处的环境，常有许多刺激可引起无意注意，注意从原来的对象转移到不该注意的对象而干扰了人们的有意注意。

3. 注意的分配

注意的分配是指在同一时间内，把注意指向不同的对象或活动的品质。例如，医生一面倾听患者诉说病情，一面对患者进行观察和体格检查等。注意分配的能力可以通过训练提高，作为一名综合素质强的护士应学会“眼观六路，耳听八方”。注意分配的基本条件是，所从事的活动中必须有一些活动是非常熟练的，甚至达到了自动化的程度。

4. 注意的转移

注意的转移是指由于任务的变化，注意由一种对象转移到另一种对象。注意转移的速度和质量，取决于前后两种活动的性质和个体对这两种活动的态度。注意的转移与分散不同，注意转移是有目的、主动地进行，而注意的分散是无目的、被动地进行。例如，护士配药时，患者病情突然发生变化，这时护士必须随情况变化快速转移注意，立即投入抢救。

五、记忆——心灵的仓库

（一）记忆的概念

记忆是过去的经验在大脑中的反映。从信息加工的视角看，记忆就是人脑对所输入的信息进行编码、储存和提取的过程。人的大脑是一个记忆的宝库，人脑经历过的事物、思考过的问题、体验过的情绪和情感、练习过的动作，都可以成为人们记忆的内容。

（二）记忆的分类

1. 按记忆内容分类

(1)情绪记忆。情绪记忆是以体验过的情绪、情感为内容的记忆。对体验过的喜悦或悲痛情绪的记忆，如回忆起收到大学录取通知书时的兴奋情绪。

(2)运动记忆。运动记忆是以自己做过的运动或学习过的操作为内容的记忆，如骑自行车、游泳等。

2. 按记忆信息保持时间的长短分类

(1)瞬时记忆。瞬时记忆也称感觉记忆,其特点是信息是以感觉形式保持;保持时间短,0. 25~2 秒钟;形象鲜明,信息储存量大,信息容易消失。如果这些信息及时被加工,则进入短时记忆,否则就会被遗忘。

(2)短时记忆。短时记忆指信息保持时间较短的记忆。其特点是信息以知觉形式保持;保持时间大约为 1 分钟;信息储存量有限,为 7±2 个信息单位。短时记忆的信息经过复习和加工可进入长时记忆。

(3)长时记忆。长时记忆指信息经过充分加工后,在头脑中保持很长时间的记忆。其特点是信息以储存的形式保持,保持时间长,可保持几天、几个月、几年甚至终生难忘。长时记忆的信息储存量大,是以意义的方式对信息进行编码的。

瞬时记忆、短时记忆和长时记忆之间相互联系,相互影响,构成完整的记忆系统(图 1-7)。

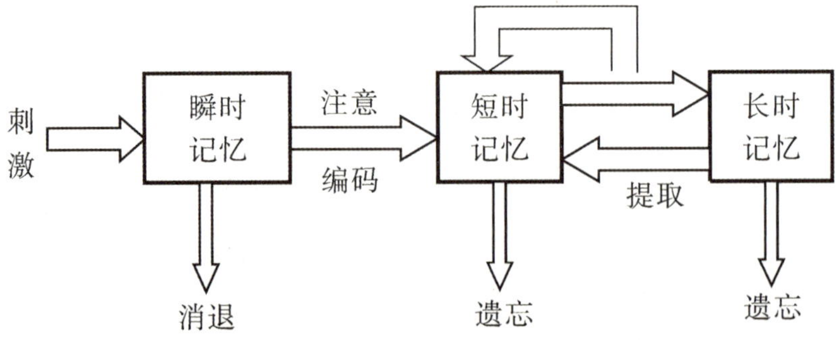

图 1-7　三种记忆系统关系图

（三）记忆的基本过程

记忆是一个复杂的心理过程，在发生的时序上是先记而后忆。“记”包括识记和保持，“忆”则指再认或回忆。因此，整个记忆过程包括识记、保持、再现三个基本环节。

1. 识记

识记就是识别和记住事物，从而积累知识经验的过程，是记忆的初始环节。从信息加工理论的观点来看，识记是信息输入和编码的过程。识记是记忆活动的开端，是其他环节的前提和基础。

（1）根据有无明确的目的，可将识记分为无意识记和有意识记。①无意识记指没有预定目的，不需要经过意志努力的识记，也称不随意识记。它具有很大的选择性，与人的需要、兴趣相联系的事物容易记住。如参加过的有兴趣的活动、做过的重大实验等就比较容易记住。②有意识记指有预定目的，运用一定的方法，需要付出一定的意志努力的识记。如人们看书、查找资料等都是有意识记。这种识记方法使人的记忆内容和信息更全面、更完整、更系统、更实用。

（2）根据识记材料的性质以及对材料是否理解，可将识记分为机械识记和意义识记。①机械识记是根据事物的外部联系，主要依靠机械地重复进行的识记。识记材料无内在的联系，或学习者不理解材料的意义往往采用机械识记。如识记历史年代、电话号码、人名和地名等。②意义识记是在对材料理解的基础上，根据材料的内在联系进行的识记。实验证明，在识记的速度、全面性、精确性和巩固性等方面,意义识记比机械识记效果好。

从记忆的总体效果上看,有意识记的效果优于无意识记,意义识记的效果优于机械识记。但它们并非相互排斥和绝对对立,而是相互依存和相互补充的。影响识记效果的因素有:识记的目的和任务,识记材料的性质和数量以及识记的方法等。

2. 保持

保持就是把识记过的事物在头脑中进行储存、巩固的过程。保持是记忆的中心环节,也是实现再认和回忆的重要保证,没有保持就没有记忆。实验证明,保持并不是一成不变的,识记过的内容在保持中发生变化的原因,主要受主体原有的知识经验、兴趣爱好、情绪状态、任务要求和创造性等主观因素的影响。保持是记忆的第二环节,是实现回忆的必要前提。

保持是一个动态的过程。识记过的材料在头脑中的保持并不是固定不变的,而是随种种因素不断发展变化,这种变化既体现在数量上,又表现在质量上。在量的方面,保持量一般随时间推移而下降。在质的方面,则可能有以下几种变化:①内容简略和概括,不重要的细节趋于消失;②内容变得更加完整、更加合理和更有意义;③内容变得更具体,或者更为夸张与突出。英国心理学家巴特莱特(F. G. Bartlett)做了如下的实验:拿一张画给第一个人看,看后让此人画下来,再把复制品给第二个人看,看后画下来,接着把第二个人的复制品拿给第三个人看,看后画下来。这样依此类推,到第18个人时,画中形象从一只鸟变成了一只猫,记忆图形发生了质的变化。

3. 再现

再现是指人从头脑中提取信息的过程，记忆好坏是通过再现表现出来的，它有两种基本形式，即再认和回忆。

（1）再认。曾经感知过的事物，当它再度出现时，能确认这是曾感知过的事物，称为再认。

（2）回忆。回忆是当识记过的事物不在面前时在头脑中的重现。根据回忆时的目的是否明确和是否需要意志努力，可以把回忆分为无意回忆和有意回忆。凡是没有预定的目的也不需要意志努力的回忆叫无意回忆，如“触景生情”“每逢佳节倍思亲”等；相反，如“冥思苦想”“搜肠刮肚”，以及复习、考试时的回忆等都是有意回忆。再认与回忆没有本质的区别，但再认比回忆要容易，能再认的不一定能回忆，能回忆的一定能再认。

回忆是以联想为基础的。客观世界的各种事物不是孤立的，而是相互联系的。人们对客观事物的反映，在头脑中所保存的知识经验也不是孤立的，彼此也有一定的联系，这样人们在回忆某一事物时，也会连带地回忆起其他有关的事物。这种由一个事物想到另一个事物的心理活动称为联想。

（四）遗忘与遗忘规律

1. 遗忘的概念

遗忘是对识记过的事物在一定条件下，不能再认和回忆或是错误地再认和回忆。遗忘是一种生理现象，它虽然给人们带来不少烦恼，但是现代心理学认为，遗忘并不全是坏事，它对人的精神健康和生活愉快具有一定积极意义。

2. 遗忘的规律

德国心理学家艾宾浩斯（H. Ebbinghaus）最早用实验的方法对遗忘现象做了比较系统的研究。根据艾宾浩斯的实验结果绘成的曲线图，称为艾宾浩斯遗忘曲线（图 1-8），图中竖轴表示学习中记住的知识数量，横轴表示时间（天数），曲线表示记忆量变化的规律。从曲线图中可以看出，遗忘的进程是不均衡的，在识记的最初阶段遗忘速度很快，以后逐步减慢，稳定在一个水平上，呈现出先快后慢的趋势。这就是人们常说的遗忘规律。

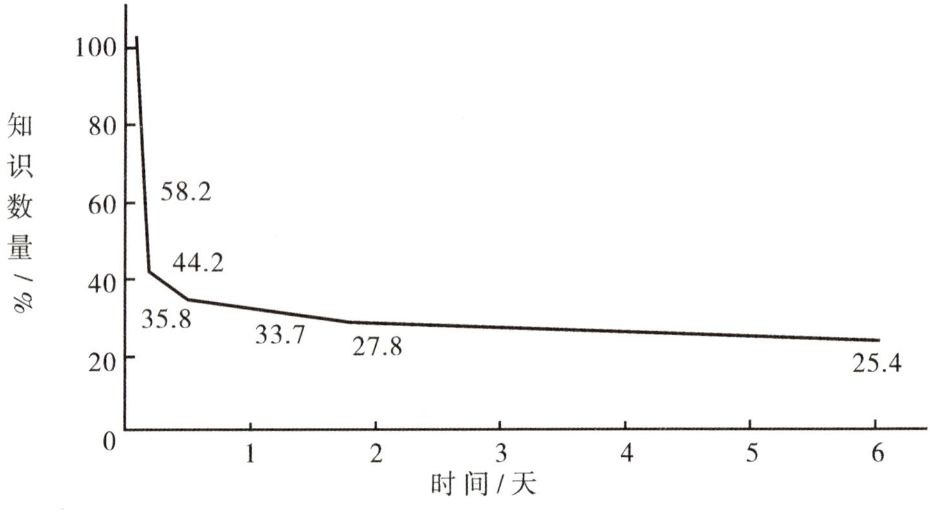

图 1-8　艾宾浩斯遗忘曲线

六、思维——心灵的中枢

（一）思维的概念

思维是人脑对客观事物间接和概括的反映。思维和感知觉、记忆一样都是人脑对客观现实的反映，但思维是通过间接的、概括的方式，反映的是事物的本质属性、内在联系和发展规律，是认识过程的高级阶段。

（二）思维的特征

1. 间接性

思维的间接性是指个体对客观事物的反映不是直接的，而是通过其他事物或已有的经验为媒介来认识客观事物。如护士通过观察患者的面色、神志、体温、脉搏、呼吸、血压等，间接了解患者的病情和发展趋向。

2. 概括性

思维的概括性是指在大量感性材料基础上，把一类事物的共同的、本质的特征和事物的内在联系和规律抽取出来加以概括。如护士通过对患同种疾病的多个患者的护理，逐渐总结出某种疾病的最优化护理措施等。

（三）思维的分类

1. 根据思维要解决的问题分类

(1)动作思维。动作思维是以实际动作来解决直观具体问题的思维过程。如护士为解决输液过程中液体不滴的问题,先检查输液局部有无肿胀,再检查针头有无移位或者堵塞。这样一步步通过实际动作,运用已有的知识经验发现问题、解决问题。

(2)形象思维。形象思维是利用头脑中的具体形象来解决问题的思维过程。成人在理解抽象概念、解决复杂问题时,往往需要具体形象思维的帮助,艺术家进行创作时更多依赖这种思维。

(3)抽象思维。抽象思维是运用概念以判断、推理等形式进行的思维。如护士制订护理计划时,须将医学、心理学的知识和护理理论相结合进行思考,拟出各项护理措施和评价方法。

2. 根据思维探索答案的方向分类

(1)聚合式思维。聚合式思维是把问题提供的各种信息聚合起来,得出一个确定的或最佳的答案。例如,医生在给患者看病时,根据患者的各种症状、体征以及实验室检查结果等对患者的疾病做出正确的诊断。

(2)发散式思维。发散式思维是根据已有的信息,从不同角度、不同方向思考,寻求多种答案的一种展开性思维方式。如一例复杂的病例,护士从不同角度思考,护理诊断就越全面。

（四）思维的过程

人类思维活动是复杂的心理活动过程，它是通过分析与综合、分类与比较、抽象与概括等活动来实现的。

1. 分析与综合

分析是个体把客观事物的整体分解为若干个别属性的思维过程。综合是个体把客观事物的若干个别属性结合起来形成整体的思维过程。分析与综合是同一思维过程的两个方面。如急性炎症就综合了红、肿、热、痛、机能障碍等五个方面特征；而皮肤红肿、硬结及化脓是脓肿的特征。

2. 分类与比较

分类是按事物的不同属性进行区别归类；比较是把各种事物或同一事物的不同部分、个别方面或个别特点加以对比，以确定它们之间的异同及关系。通过比较才能将事物鉴别分类，分类是比较的前提，比较是分类的基础。如稽留热与弛张热是两种高热的类型，而稽留热温差一日之内不超过 1℃，弛张热则在 1℃以上，它们可以是不同发热疾病的表现，是鉴别发热疾病的依据之一。

3. 抽象与概括

抽象是抽出同类事物的本质特征，舍弃非本质特征的思维过程。概括是把同类事物的特征加以综合推广到同类其他事物上的思维过程。通过具体事物的分析、综合、比较，会获得一些感性认识；通过抽象与概括，上升到理性认识，得出事物的本质特征及其规律性的认识，并将其推广到同类事物上，使认识不断深入、完善。如凡是表现出“红、肿、热、痛和功能障碍”就是炎症。

（五）影响问题解决的因素

1. 迁移

迁移是指已掌握的知识经验和技能对学习新知识、新技能和解决新问题的影响。一种知识、技能的掌握，促进另一种知识、技能的掌握称为正迁移；反之，则是负迁移。如毛笔字写得好的人，钢笔字往往也写得不错。

2. 定式

定式是由先前的活动而造成的一种对活动的特殊的心理准备状态，在解决新问题时带有一定的倾向性和习惯性。这种倾向性对解决问题既有积极作用，也有消极作用。如九点连线图，要求笔不离纸、不能倒退、连续画四条直线把 9 个点全连起来（图 1-9）。

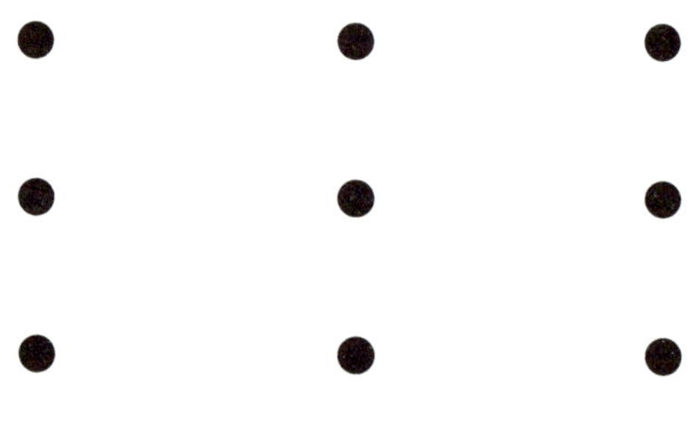

图 1-9　九点连线图

3. 刺激的排列组合形式

刺激的排列组合形式在几何作业和日常生活中经常见到，刺激的空间排列组合不同，可以促进或阻碍问题的解决（图 1-10）。

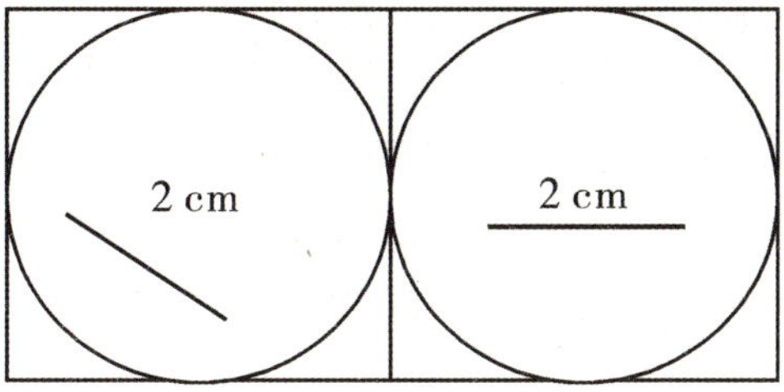

图 1-10　求圆的外切正方形的面积

4. 功能固着

人们习惯于看到某一种物品的常用功能和用途，而难以看出此物品的其他功能和用途的现象，就是功能固着。如砖的主要功能是建筑功能，但是我们还可以利用它来做武器、画笔、重锤等。在解决问题时它往往影响灵活性和变通能力的发挥，对创造性解决问题是一个很大的障碍。

（六）思维品质

良好的思维品质主要表现在以下几个方面：

1. 广阔性

思维的广阔性是指思维的广度，在思维过程中能全面分析问题，顾全大局。既看到事物的整体，又看到各个细节；既看到正面，又看到反面。

2. 深刻性

思维的深刻性是指思维深度，在思维过程中善于透过问题的现象而深入问题的本质。及时发现问题，抓住问题的关键，恰如其分地解决问题。如发现高血压患者出现手足麻木、动作迟钝，就应该想到患者有脑栓塞的可能,应立即把握处理的时机,使患者转危为安。

3. 独立性

思维的独立性是指思考问题的独立程度,在思维过程中善于独立思考问题,不依赖他人,提出个人见解,富有开拓和创新精神。护士需要根据时间、地点、对象的不同做好每一件工作,是一个创造性劳动过程。

4. 逻辑性

思维的逻辑性是指思维逻辑的严密程度,在思维过程中条理清楚、层次分明、概念准确、判断有据、论证有理、始终如一。

5. 灵活性

思维的灵活性是指思维的灵活程度,即从实际出发,善于根据事物的发展变化机智地解决问题。如护士在处理急救问题时,分秒必争,发现患者病情突然恶化须当机立断,这是灵活的思维品质。

七、想象——思维的翅膀

(一)想象概述

1. 想象的概念

想象是人脑对已有表象进行加工改造形成新形象的过程。想象是在表象的基础上形成的,但想象不同于表象。表象是指感知过的事物不在眼前时在头脑中再现出来的形象。想象的特点是形象性和创造性,即通过想象创造一个新形象。这种形象可以是没有直接感知过的事物的形象，也可以是现实生活中并不存在的事物的形象。如科学幻想故事《星球大战》《未来世界》等，都是通过人的想象反映遥远未来的世界形象。

2. 想象的本质

想象中出现的事物形象，表面看起来好像是超现实的，但深入分析研究可发现，任何想象，哪怕是最离奇的事物形象，也仍然是以现实中已有的材料为基础的。客观现实是想象的源泉。想象的结果不论如何超脱现实或者如何丰富多彩，同样是人脑的机能。

（二）想象的分类

根据产生想象时有无目的性，分为无意想象和有意想象。

1. 无意想象

无意想象是指没有预定目的、不由自主地产生的想象，是一种自发的、简单的、缺乏自我意识控制的心理现象。例如触景生情、浮想联翩，把蓝天上朵朵白云看成某种景象或动物。梦是无意想象的一个极端例子，它是一种无目的、不由自主的奇异想象。

2. 有意想象

有意想象是根据一定目的自觉进行的想象。根据其创造水平和新颖程度，可分三种。

（1）再造想象。再造想象是根据词语、文字描述或图形、模型的示意，在头脑中形成相应的事物新形象的过程。如医学院校学生依据解剖挂图想象实体的情况。

（2）创造想象。创造想象是不依据现成的描述而是根据一定的目的和任务，在头脑中独立地创造出新形象的过程。具有首创性、独立性、新颖性的特点。它比再造想象复杂而困难，它需要对已有的感性材料进行深入的分析、综合、加工改造，在头脑中进行创造性思维。如文学创作、科学发明等。

（3）幻想。幻想是一种与生活愿望相联系并指向未来的想象，它是创造想象一种特殊形式。幻想有积极幻想和消极幻想之分。积极幻想又称理想，是符合客观规律的，并可能实现的幻想；消极幻想又称空想，是完全脱离现实生活，违背事物发展规律，并且毫无实现可能的幻想。

八、意志——成功的条件

（一）意志的概念

意志是人们自觉地确定目的，并根据目的调节和支配行动，克服困难去实现预定目的的心理过程。意志是人类特有的现象，是人类意识能动性的集中表现。意志总是和人的行动相联系，并对人的行动起着调节和控制作用。

（二）意志的特征

1. 有明确的目的性

自觉地确定目的是人的意志的首要特征。人与动物不同，动物虽然有活动，动作甚至还相当精巧，但它不可能意识到自己行动的目的和后果。而人与动物的根本区别之一，就是人在从事某种活动之前，活动的目的就以观念的形式存在于人脑之中，并能动地调节、支配着人的行为。离开了自觉的目的，意志便失去了存在的前提，就没有意志可言。意志行动的目的越明确、越高尚、越远大，意志水平就越高，行为的盲目性和冲动性也就越小。

2. 与克服困难相联系

克服困难是意志的核心价值所在。目的的确立与实现，通常会遇到各种困难，克服困难的过程就是意志的过程。一个人能够克服的困难越大，表明这个人的意志越坚强；反之表明这个人意志薄弱。因此，人在活动中克服困难的情况，是衡量其意志强弱的标志之一。

3. 以随意动作为基础

人的行动都是由动作组成的，动作分为不随意动作和随意动作两种。不随意动作指不受意识支配的不由自主的运动，如眨眼、吞咽、咳嗽等。随意动作是在不随意动作基础上，通过有目的的练习形成的，受人的意志调节和控制，具有一定的目的性。随意动作是意志行动的必要条件。

（三）意志的一般规律性

1. 意志和认识

意志和认识有着极为密切的关系。首先，认识是意志的前提。意志的特征之一是具有目的性，但任何目的都不是凭空产生的，而是认识活动的结果。没有认识活动,就没有行为目的,也就没有意志。人的认识越丰富、越深刻,就越能充分反映自然和社会发展的客观规律,意志行动的目的就越远大,克服困难的力量就越强,选择的方式和方法也就越合理。其次,意志也给认识过程以巨大的影响。人在进行各种认识活动时,总会遇到一些困难,要克服这些困难,就要做出意志努力。意志对认识起着支持的作用,没有意志,就不可能有深入、持久的认识活动。

2. 意志和情感

意志和情感也有着密切的关系。情感既可以成为意志行动的动力,也可能成为意志行动的阻力。当某种情感对人的活动起推动和维持作用时,这种积极的情感就会成为意志行动的动力;当某种情感对人的活动起阻碍或削弱作用时,这种消极的情感就会成为意志行动的阻力。反过来,意志对情感具有调节的作用。积极的情感由于意志的作用,才能持久地巩固和发展,而消极的情感也可以依靠意志来克服和控制,并用积极的情感取代它。意志坚强的人,可以克服和消除各种消极情感的干扰,是情感服从于理智;而意志薄弱的人则会屈从于消极的情感。

3. 意志和动机

人的意志行动是由一定动机所推动的。对人的意志行动来说,动机具有多方面的意义。首先,动机是人的意志活动的推动者,表现出对人的意志活动的激励作用,是人的行为的积极性的源泉。其次,动机对人的意志有指向作用,即动机决定行动方面选择的原因。在动机的推动作用和选择作用的基础上，动机可成为人的意志行动的调节手段，即在行动的过程中指引个体修正、调整自己的行为。

（四）意志的过程

1. 采取决定阶段

采取决定阶段包括确立行动目标、选择行动手段和取舍行动动机等环节。行动目标是指人的行动所要达到的是什么；行动手段是指借助什么具体行动去实现目的；行动动机是指人为什么要达到这一目的。在意志行动中，目标的社会意义和人对目标的自觉程度对意志行动都有重要影响。目标的社会意义有大有小，人对目标的自觉程度有高有低。一般来说，目标越明确、越自觉，社会的意义、价值越大，它对行动的支配和调节作用也就越大。

2. 执行决定阶段

执行决定就是实现意志行动，此阶段是意志过程的关键阶段。执行决定往往要求更大的意志努力。在执行阶段，意志的强弱主要表现在两个方面：一方面是坚持预定的目标和行为程序，另一方面是制止那些不利于达到目标的行动。在这个阶段，个体常常要反复修改行动的方案，包括审定自己的目标，检查行动的方法和手段，坚持正确的，抛弃错误的。

（五）意志行动中的冲突

人的意志行动通常表现为趋向或回避某一目标，根据意志行动的这一特点，可以把心理冲突分成以下四种类型。

1. 双趋冲突

有两个目标同时具有吸引力,但我们只能选择其中一个,这时就引起双趋冲突,“鱼和熊掌不可兼得”就是这种情况。再如,一个人同时收到两份有吸引力的聘任书,对其中一项工作的选择就意味着对另一项工作的拒绝,这时人的内心就会出现双趋冲突。产生双趋冲突的两个目标如果吸引力差别较大,解决冲突就比较容易;如果两个目标的吸引力差别较小,解决冲突就比较困难。

2. 双避冲突

两个目标都是人们力图回避的,但只能回避其中一个,这时所产生的冲突即双避冲突。例如,一个人生病后是吃药还是打针任选其一,吃药苦,打针痛,但为了治病必须接受一种方法,这种心理矛盾就是双避冲突。双避冲突的解决,一般是两害之中取其轻,相比之下,吃药比打针的痛苦要小一些,所以一般人宁愿吃药不愿打针。

3. 趋避冲突

同一个目标既有吸引力又有排斥力,在这种情况下,人们既想接近这一目标,又想回避这一目标,从而引起的内心冲突就是趋避冲突。例如,有的人想吃美食但又怕身体发胖,这种心理矛盾就是趋避冲突。趋避冲突的解决一般是权衡利弊,利大于弊时趋之,弊大于利时避之。

4. 多重趋避冲突

在实际生活中，人们常常要面对两个以上的目标，而每个目标都具有吸引力和排斥力，这时人们不能简单地趋向一个目标而回避另一个目标，必须进行多重选择，由此引起的内心冲突叫多重趋避冲突。解决多重趋避冲突，要求人们进行多方面的思考，因而比较困难。

（六）意志的品质

意志品质是个人的比较稳定的意志特点。由于生活实践和所受教育的不同，人们的意志品质既有共同性，也存在着差异。

1. 自觉性

自觉性是指人们对行动的目的和意义有充分的认识，并能随时控制自己的行动，使之符合正确的目的的心理品质。有自觉性的人，目的明确，行动坚决，能够果断地采取决定。

盲目性和独断性是缺乏自觉性的表现。盲目性是轻易接受外界影响，不加思考地听从别人的意见和暗示，轻易改变行动目的，缺乏原则性。独断性则是既未掌握客观规律，又不听别人的忠告，一意孤行，直至碰壁。人们既不能盲从，又不能独断专行，一定要按规定办事。

2. 独立性

独立性是指个体倾向于自主地采取决定和行动，既不易受外界环境的偶然影响，也不易被周围人所左右。

与独立性相反的品质是依从性或受暗示性。这种人缺乏主见，人云亦云，会受别人的影响而轻易改变行动的目的。这是意志薄弱的表现。

意志的独立性完全不同于独断性。独断性是以主观、片面、一意孤行为特点的；而独立性是以冷静思考，深入分析为基础的。独立性强的人虽不人云亦云，但也不拒绝他人的合理意见，而是在充分听取别人意见的基础上，进行合理分析并做出科学判断。

3. 果断性

果断性是指一个人善于适时而合理地采取决定并执行决定的意志品质。意志的果断性表现在当需要立即行动时，能当机立断，毫不犹豫；当不需要立即行动或情况发生变化时，又能立即停止执行或改变自己的决定。果断性以自觉性为前提，以大胆勇敢和深思熟虑为条件。与果断性相反的品质是优柔寡断和鲁莽。优柔寡断表现为犹豫不决、顾虑重重。鲁莽的特点是做事前对事情不加思考，也不做周密计划，只是凭一时冲动做事。

4. 自制性

自制性是指善于控制和调节自己的情绪和言行的意志品质。具有自制性的人，一方面善于督促自己去执行已经采取的具有充分根据的决定，另一方面也善于抑制与自己的目的相违背的情绪和行为。自制性是坚强意志的重要标志。与自制性相反的品质是任性和怯懦。前者是对自己的情绪和言行不加约束，随心所欲，放任自己；后者则是在行动上畏缩不前，遇到情况惊慌失措，不能自控。

5. 坚持性

坚持性是指在行动中，百折不挠地克服困难，为实现预定目的坚持到底的意志品质。坚持性集中表现为善于克服困难，善于从失败中吸取教训，不屈不挠，不达目的不罢休；善于抵御不符合目的的种种主客观诱因的干扰。坚持性与顽固性、执拗性有根本的区别。顽固性是既不懂客观规律，又不能正确估价自己，执迷不悟，一意孤行，我行我素。掌握不住自己，也就谈不上什么意志行为。

九、能力——成功的保障

（一）能力的概念

能力是指人们成功地完成某种活动所必需的心理特征。能力有两层含义：其一指已经表现出来的实际能力，例如，会讲英语，能开汽车，可以做开胸手术等；其二指潜在能力，即尚未表现出来的心理能量，它是通过学习、训练后可能发展起来的能力。实际能力和潜在能力是不可分割的。潜在能力是一个抽象的概念，它只是各种实际能力展现的可能性，只有在遗传与成熟的基础上，通过学习才可能变成实际能力。潜在能力是实际能力形成的基础，实际能力是潜在能力的展现。

能力总是和人的某种活动相联系并表现在活动中。只有从一个人所从事的某种活动中，才能看出他具有某种能力。能力影响活动的效果。能力的大小只有在活动中才能比较。倘若一个人不参加某种活动,就难以确定他具有什么能力。

能力是保证活动取得成功的基本条件,但不是唯一的条件。活动能否顺利进行,能否取得成功,往往还与人的个性心理特点、知识技能、工作态度、物质条件、健康状况以及人际关系等因素有关。但是,在条件相同的情况下,能力强的人比能力弱的人更能使活动顺利进行,更容易取得成功。

(二)才能与天才

要顺利完成某项活动,单凭一种能力是不够的,必须靠多种能力的结合。我们把多种能力的有机结合称为才能。一个人有才能,则意味着他能将从事某项活动所必需的各种能力进行综合运用,因而能取得很好的效果。才能常以活动的名称来命名,如音乐才能、管理才能、教学才能等。

如果完成各种活动所必备的各种能力得到最充分的发展和最完美的结合,并能创造性地、杰出地完成相应的活动,就表明这个人具有从事这种活动的天才。天才就是高度发展的能力之最完美的结合。如数学天才的能力就是由对有关材料的概括能力、把运算过程迅速"简化"的能力、由正运算灵活过渡到逆运算的能力等几种高度发展的能力完美结合而成的。

(三)能力的种类

1. 按结构可分为一般能力和特殊能力

(1)一般能力是指进行各种活动必须具备的基本能力,又称普通能力。它保证人们有效地认识世界,也称智力。智力包括个体在认识活动中所必须具备的各种能力，如感知能力（观察力）、记忆力、想象力、思维能力、注意力等。

（2）特殊能力又称专门能力，是指某项专门活动所必备的能力。它只在特殊活动领域内发生作用，是完成有关活动不可少的能力。如音乐能力、绘画能力、数学能力、运动能力等。

一般能力和特殊能力密切关联。一般能力是各种特殊能力形成和发展的基础，为特殊能力的发展创造有利的条件；特殊能力的发展也会促进一般能力的发展。一般能力和特殊能力在活动中共同起作用。

2. 按功能可分为认知能力、操作能力和社交能力

（1）认知能力是指接收、加工、储存和应用信息的能力。如知觉、记忆、注意、思维和想象能力等，是人们成功完成活动最重要的条件。

（2）操作能力是指操纵、制作和运动的能力。如劳动能力、艺术表现能力、实验操作能力、身体协调能力等。操作能力是在操作技能的基础上发展起来的，又成为顺利地掌握操作技能的重要条件。

（3）社交能力是指人们在社会交往活动中所表现出来的能力。如组织能力、管理能力、言语感染能力、亲和力等。在社交能力中包含着认知能力和操作能力。

3. 按创造程度可分为模仿能力和创造能力

(1)模仿能力是指在活动中顺利地掌握前人所积累的知识、技能,并按现成的模式进行活动的能力。如练字时的临摹、照图学画等。

(2)创造能力是指在活动中创造出独特的、新颖的、有社会价值的产品的能力。它具有独特性、变通性、流畅性的特点。

模仿能力和创造能力相互联系、互相渗透。创造能力是在模仿能力基础上发展起来的。比如说学唱歌的人总是先模仿别人的发声方法和唱歌时的感觉,再慢慢摸索属于自己的歌唱风格。

(四)能力差异的规律

由于人的遗传素质、后天环境和所受教育以及从事的实践活动不同,人与人之间在能力上存在差异,这些差异包括能力发展水平的差异、能力类型的差异和能力表现早晚的差异。

1. 能力发展水平的差异

人与人之间在能力发展水平上存在着明显的差异。能力发展水平的差异主要是指智力上的差异,它表明人的能力发展有高有低。

研究发现,就一般能力来看,在全世界人口中,智力水平基本呈正态分布(图 1-11),即智力极低或智力极高的人很少,如莫扎特和爱因斯坦的智商(IQ)均超 160,但绝大多数的人属于中等智力。

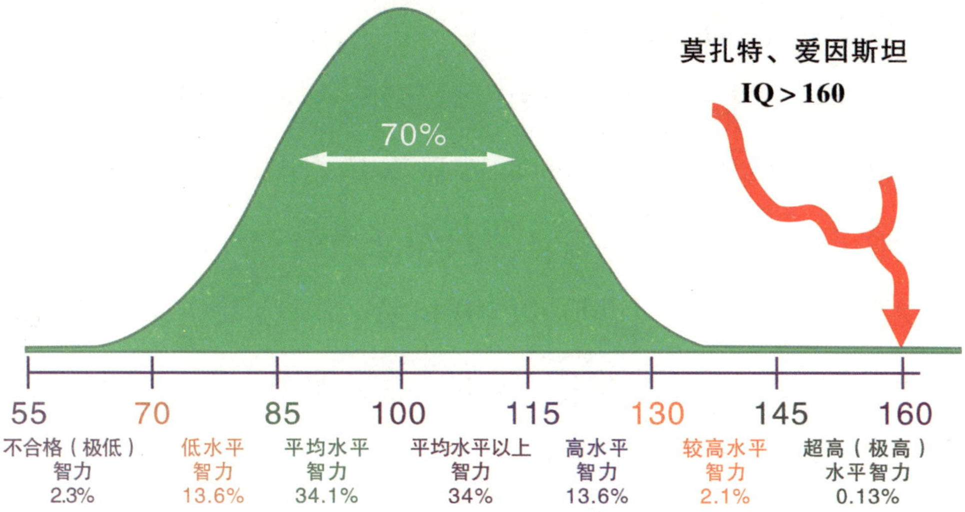

图 1-11　智商分布曲线图

2. 能力类型的差异

能力类型差异是指构成能力的各种因素存在质的差异，主要表现在知觉、记忆、言语、想象、思维的类型和品质方面。如有的人擅长想象，有的人擅长记忆，而有的人语言能力比较拔尖。在特殊能力方面，同是音乐成绩优异的人，有的人可能具有强烈的曲调感和很高的听觉表象能力，但节奏感弱；有的人可能具有很好的听觉表象能力和强烈的节奏感，但曲调感较弱；有的人可能具有强烈的曲调感和音乐节奏感，但听觉表象能力弱。人的能力可以在感知觉、表象、记忆、言语、思维等方面表现出一定的差异，因而人们在能力方面表现出各有所长，各有所短。

3. 能力表现早晚的差异

各种能力不仅在质或量的方面表现出明显的差异，而且能力表现的早晚也存在着明显的差异。有的人少年早慧，有的人中年成才,还有些人大器晚成。

(1)少年早慧。有的人能力发展较早,孩童时就显露出卓越的才华。我国许多名人在幼年时期就显露其才华。唐代诗人白居易1岁开始识字,5岁开始作诗,9岁已精通声韵;李白“五岁读六甲,十岁观百家”;杜甫“七龄思即壮,开口咏《凤凰》”;王勃6岁能文,少时即显露才华,后写出脍炙人口的《滕王阁序》;明末爱国诗人夏完淳5岁知五经,9岁擅辞赋古文。

(2)中年成才。中年是成长和创造发明的最佳年龄。中年人年富力强,精力充沛,既有丰富的知识经验,又有较强的抽象思维能力和记忆能力,思维敏捷,较少保守,易于革新,勇于创造,是成才和创造发明的好时机。

(3)大器晚成。大器晚成的人在古今中外不乏其例:姜子牙辅佐周武王,80岁才任丞相;我国医学家和药学家李时珍在61岁时才写成巨著《本草纲目》;达尔文年轻时被认为是智力低下,在50多岁才开始有研究成果,后来却成为进化论的创始人。这种现象的原因很多,有的因所专攻的学术领域具有某种长期性,不能一蹴而就,需长期努力;有的是早期不够努力,后期加倍勤奋的结果;或者是某种特殊能力显露较晚等。

创造虽有最佳年龄阶段,但并不是说人在这个年龄阶段之外就不可能有所创造、有所发明了。随着社会的进步、科学的发展和教育质量的提高,创造的最佳年龄将向两端延伸。

（五）影响能力形成与发展的因素

能力的形成与发展受多种因素影响，既包括先天素质，也包括后天因素，主要指对先天素质产生影响作用的环境、教育和实践活动等。实际上，能力就是这些因素交织在一起相互作用的结果。

1. 先天素质的影响

先天素质是人们与生俱来的解剖生理特点，它包括感觉器官、运动器官以及神经系统和大脑的特点。先天素质是能力形成和发展的自然前提和物质基础。没有这个基础，任何能力都无从产生，也不可能发展。听觉或视觉生来就失灵者，无法形成与发展音乐才能，或成为画家；早期脑损伤或发育不全的人，其智力发展会受到严重影响。

2. 环境、教育对能力形成与发展的影响

（1）产前环境及营养状况的影响。胎儿生活在母体的环境中，这种环境对胎儿的生长发育及出生后智力的发展，都有重要的影响。许多研究表明，母亲怀孕期间服药、患病、大量吸烟、遭受过多的辐射、营养不良等，能造成染色体受损或影响胎儿细胞数量，使胎儿发育受到影响，甚至直接影响出生后婴儿的智力发展。

（2）早期环境的作用。在儿童成长的整个过程中，智力的发展速度是不均衡的，往往是先快后慢。美国著名的心理学家布卢姆（B. S. Bloom）对近千人进行追踪研究后，提出这样的假说，即 5 岁前是儿童智力发展最为迅速的时期。日本学者木村久一提出了智慧发展的递减规律，他认为，生下来就具有 100 分能力的人，如果一出生就得到最恰当的教育，那么就可以成为有100分潜在能力的人；如从5岁才得到最恰当的教育，那么就只能具有80分能力；若从10岁才开始教育，就只能成为有60分能力的人。可见发展能力要重视早期环境的作用。

(3)教育条件的影响。一个人能朝什么方向发展，发展水平的高低、速度的快慢，主要取决于后天的教育条件。家庭环境、生活方式，家庭成员的职业、文化修养、兴趣、爱好以及家长对孩子的教育方法与态度，对儿童能力的形成与发展有极大的影响。在教育条件中，学校教育在学生能力发展中则起主导作用。学校教育是有计划、有组织、有目的地对学生施加影响，不但可以使学生掌握知识和技能，而且在学习和训练的同时促进其能力的发展。

(4)实践活动的影响。实践活动是人与客观现实相互作用的过程，是人所特有的积极主动的运动形式。教育是能力形成的重要因素，但这些因素只有在实践活动中才能影响能力的形成与发展，因此，实践活动是能力形成与发展的必要条件。

(5)其他个性因素的影响。环境和教育是能力形成与发展的外部条件，外因必须通过内因起作用。一个人要想发展能力，除必须积极地投入实践中外，还要充分发挥自身的主观能动性——积极的个性心理特征，即理想、兴趣和不怕困难的意志力。

十、气质——禀性的差异

（一）气质的概念

气质是指心理活动表现在强度、速度、稳定性和灵活性等方面的一种稳定心理特征，是个人心理活动的动力特征。

气质是个人生来就具有的心理活动的动力特征，相当于我们日常生活中所说的脾气、禀性，主要表现为个人心理活动过程的速度和灵活性（如知觉的速度、思维的灵活度、注意集中时间的长短等），心理过程的强度（如情绪的强弱、意志努力的程度等），以及心理活动的指向性（倾向于外部事物或倾向于内部体验）。气质与性格、能力等其他个性心理特征相比，更具有稳定性。对气质概念的理解应注意以下四点。

第一，气质是个体心理活动和行为的外部动力特点，心理活动的动力特征主要是指在心理活动的强度（如情绪体验的强度、意志努力的程度等）、速度（如知觉的速度、思维的灵活程度等）、稳定性（如注意集中时间的长短）、指向性（如有人倾向于外部事物，有人倾向于内心世界）方面的特征。

第二，气质作为人的心理活动的动力特征，与人的心理活动内容、动机无关，即气质一般不受个人活动的目的、动机和内容的影响，具有较强的稳定性。气质能使人的心理活动染上特定的色彩，形成独特的风貌。例如，一个情绪稳定、内向的学生，在任何场合下，即使是很熟悉的环境、很热闹的场面、自己很感兴趣的活动，都会表现出较为稳重、不过分表现自己的特点。

第三,气质受先天生物学因素影响较大,即先天因素占主要地位。气质较多地受神经系统类型的影响。研究表明,人一生下来就表现出某些气质特征。在儿童生命最初几星期内,对刺激物的敏感度、对新事物的反应等就有明显的差异,这些气质上表现出的明显个性特征,显然不是由后天生活条件所造成的,而是由神经系统的先天特性造成的。有人曾研究了 20 对同卵双生子和异卵双生子,结果发现,同卵双生子在某些气质特征(如内向与外向)方面比异卵双生子表现出更大的相似性。

第四,气质具有一定的可塑性。气质虽然具有先天性,但并不意味着一成不变,在生活环境和教育条件的影响下,在性格的掩盖下,气质可以得到相当程度的改造。例如,在集体生活的影响下,情绪容易激动的学生,可能变得较能控制自己;行为动作较为缓慢的学生,可能变得行动迅速。

(二)气质的生理基础

俄国生理学家巴甫洛夫(Pavlov)的高级神经活动类型对气质形成的生理机制做了较为科学的解释。巴甫洛夫根据神经过程的基本特性(强度、均衡性和灵活性)的不同结合,把人的高级神经活动分为四种类型,即活泼型、安静型、兴奋型和抑制型,恰巧这四种高级神经活动类型与传统划分的胆汁质、多血质、黏液质和抑郁质四种气质类型相互对应。

（三）气质类型学说

根据气质在人身上的表现所划分的类型叫气质类型，它是在某一类人身上共有的或相似的特征有规律的结合。古今中外关于气质类型的学说有很多，如阴阳五行说、体液说、血型说、体型说、激素说、高级神经活动类型说等。其中影响最大的两种学说是体液说和高级神经活动类型说。

1. 体液说

公元前5世纪，古希腊医生希波克拉底（Hippocrates）提出了体液说。他认为人体内有四种液体：生于脑的黏液、生于肝的黄胆汁、生于胃的黑胆汁、生于心脏的血液。这四种液体构成了人们不同的体质。500年后罗马医生盖伦（C. Galen）对此理论进行整理并提出气质这一概念。他认为某种气质类型的特点表现是因为该种液体在体内占据了优势，如果体内四种液体中，以黄胆汁占优势称为胆汁质；以血液占优势称为多血质；以黏液占优势称为黏液质；以黑胆汁占优势称为抑郁质。这显然是缺乏科学根据的，但由于人们在日常生活中的确能观察到符合该学说提出的四种类型的外在气质表现，因此尽管该理论缺乏科学依据，也一直沿用至今。

2. 高级神经活动类型学说

20世纪初，巴甫洛夫创立了高级神经活动学说。该学说较科学地解释了气质的生理基础，得到了广泛认可。巴甫洛夫指出高级神经活动有两个基本过程，即兴奋和抑制，它们有三个基本特性，即强度、灵活性、平衡性。强度是指神经细胞及整个神经系统工作的耐力，表现为接受刺激的强弱程度以及神经细胞持久工作的能力；灵活性是指兴奋和抑制相互转化的难易程度，有灵活与不灵活之分；平衡性是指兴奋和抑制两种过程的力量是否均衡，有平衡和不平衡的差异。

巴甫洛夫依据大量实验确定，这三种特性能组合成四种基本高级神经活动类型，即兴奋型、活泼型、安静型和抑制型。①兴奋型：神经活动强、不平衡。这种类型的兴奋过程强于抑制过程，是一种易兴奋、奔放不羁的类型。②活泼型：神经活动强、平衡、灵活。这种类型的兴奋和抑制都较强，两种过程较易转化，以反应灵活、外表活泼和迅速适应环境为特点。③安静型：神经活动强、平衡、不灵活。这种类型兴奋和抑制都较强，两种过程不易转化，特点是较容易形成条件反射，但不容易改造，是一种行动迟缓但坚毅的类型。④抑制型：神经活动弱。这种类型的兴奋和抑制过程都很弱，而且弱的抑制过程占优势。以胆小怕事，经不起冲击以及消极防御为特征。

（四）气质类型的心理特征

气质是由许多心理活动的特性交织而成的，反映了人在心理活动及行为上的各种动力性特征。这些心理特性也是测量一个人气质的指标，传统的气质类型的特征主要包括以下几方面。

1. 感受性

气质的感受性是指人对内外界适宜刺激的感受能力。感受性是神经系统强度特征的表现，可以根据人们产生心理反应所需要的外界刺激的最小强度也就是感觉域限来进行判断。不同的人对刺激的强度的感受能力是不相同的。抑郁质的人感受性很高，而胆汁质、多血质、黏液质的人感受性较低。

2. 灵敏性

气质的灵敏性是指一般的心理反应和心理过程进行的速度（注意转移的快慢和难易，记忆的速度和准备性程度，思维的敏捷和灵活程度，动作的灵活迅速程度等）和不随意的反应性（如不随意注意的指向性、不随意运动反应的指向性等）。多血质的人就有较强的灵敏性。

3. 耐受性

气质的耐受性是反映人在经受外界刺激作用时，在时间和强度上可经受的程度。具体表现为注意力集中的持续时间，对强弱刺激的耐受力，思维活动的持久性等方面。耐受性也是神经系统强度特征的表现，黏液质的人就具有高的耐受性。

4. 指向性

气质的指向性是指心理活动、言语与行为动作反应是表现于外还是内的特性，即外向性和内向性的总称。外向性是神经活动兴奋过程占优势，内向性是神经活动抑制过程占优势。胆汁质与多血质的人属于外向性，黏液质与抑郁质的人属于内向性。

5. 兴奋性

气质的情绪兴奋性是指以不同的速度对微弱刺激产生情绪反应的特性。它是人神经系统特征在心理上表现的重要特性，既指神经系统强度的表现，也指神经系统平衡性的表现。情绪兴奋性包括情绪兴奋性的高低和情绪向外表现的强烈程度两方面。它不仅反映神经过程的强度，而且也反映神经过程的灵活性。胆汁质和多血质的人情绪兴奋性明显高于黏液质和抑郁质的人。

6. 可塑性

气质的可塑性是指人根据外界事物变化的情况而改变自己适应性行为的灵活程度。它主要是神经系统灵活性的表现。适应环境迅速、行动果断的人具有较大的可塑性；刻板性或惰性被认为是与可塑性相反的品质。多血质的人可塑性强。

（五）气质类型的外部表现

气质类型是指每一类人共同具有的各种气质特征的有规律的结合。四种基本气质类型在情绪和行为方式方面以及智力活动方面有不同的典型表现。

1. 胆汁质

胆汁质的人反应速度快，具有较高的反应性与主动性，能忍受强的刺激，能坚持长时间的工作而不知疲劳，显得精力旺盛，行为外向，直爽热情，情绪兴奋性高，但心境变化剧烈，脾气暴躁，难以自我克制。这类人情感和行为变化迅速而且强烈，有极明显的外部表现；性情开朗、热情、坦率，但脾气暴躁，好争论；情感易于冲动但不持久；精力旺盛，经常以极大的热情从事工作，但有时缺乏耐心；思维具有一定的灵活性，但对问题的理解具有粗枝大叶、不求甚解的倾向；意志坚强、果断勇敢，注意稳定而集中但难于转移；行动利落而又敏捷，说话速度快且声音洪亮。

2. 多血质

多血质的人行动敏捷，有高度的可塑性。这类人情感和行为动作发生得很快，变化得也快，但较为温和；易于产生情感，但体验不深，善于结交朋友，容易适应新的环境；语言具有表达力和感染力，性格活泼，表情生动，有明显的外倾性特点；机智灵敏，思维灵活，但常表现出对问题不求甚解；注意力与兴趣易于转移，情绪不稳定；在意志力方面缺乏忍耐性，毅力不强。

3. 黏液质

黏液质的人反应性低。反应速度慢，情绪兴奋性低但很平稳，举止平和，行为内向，头脑清醒，做事有条不紊，踏踏实实，但容易循规蹈矩；注意力容易集中，稳定性强，不善言谈，交际适度。情感和行为动作进度迟缓、稳定，缺乏灵活性；这类人情绪不易发生，也不易外露，很少产生激情，遇到不愉快的事也不动声色；注意稳定、持久，但难于转移；思维灵活性较差，但比较细致，喜欢沉思；在意志力方面具有耐性，对自己的行为有较大的自制力；态度持重，好沉默寡言，办事谨慎细致，从不鲁莽，但对新的工作较难适应，行为和情绪都表现出内倾性，可塑性差。

4. 抑郁质

抑郁质的人具有较高的感受性和较低的敏捷性,心理反应速度缓慢,动作迟钝,敏感机智,情感容易产生,而且体验相当深刻,隐晦而不外露,易多愁善感;往往富有想象力,聪明且观察力敏锐,善于观察他人观察不到的细微事物,敏感性高,思维深刻;在意志方面常表现出胆小怕事、优柔寡断,受到挫折后常心神不安,但对力所能及的工作表现出坚忍的精神;不善交往,较为孤僻,具有明显的内倾性,做事认真仔细,动作迟缓,防御反应明显。

在现实生活中,并不是每个人的气质都能归入某一气质类型。除少数人具有某种气质类型的典型特征之外,大多数人都偏于中间型或混合型,也就是说,他们较多地具有某一类型的特点,同时又具有其他气质类型的一些特点。

(六)气质对人的活动影响

气质在个体心理变化早期阶段表现明显,虽然随年龄增长而略有变化,但基本上是相当稳定的。气质贯穿在心理活动和行为方式中,对人的各种实践活动都有一定的影响。

1. 气质本身没有好坏之分

任何气质类型都有其积极的方面,也有其消极的方面。例如,胆汁质的人精力旺盛,热情豪爽,但脾气暴躁;多血质的人活泼敏捷,善于交往,但却难于全神贯注,缺乏耐心;黏液质的人做事有条不紊,认认真真,但却缺乏激情;抑郁质的人非常敏锐,却容易多疑多虑。气质对一个人来说没有选择的余地,重要的是了解自己,自觉地发扬自己气质中的积极方面，努力克服气质中的消极方面。任何气质类型的人都可以在事业上获得成功。

2. 气质本身不决定一个人活动的社会价值和成就的高低

气质虽然对性格与能力等个性方面有一定的作用，并对个体的活动有普遍影响，但气质本身不能决定人的社会价值与成就的高低。事实上，在社会活动家、科学家、作家等卓越的人物中，各种气质类型的典型代表都可见。任何一种气质类型的人都有可能发挥自己的才能，对社会做出贡献。

3. 气质影响人的活动方式与效率

在各种实践领域中，气质虽不起决定作用，但它对人的工作方式有影响，并在一定程度上影响人的工作效率，因此在职业的选择上，考虑气质因素是十分重要的。

研究和实践表明，某些气质特征为一个人从事某种工作或职业提供了可能性和有利条件。例如，黏液质、抑郁质的人容易适应持久细致的工作，而胆汁质、多血质的人则难以适应这类工作；多血质、胆汁质的人容易适应迅速灵活的工作，而黏液质、抑郁质的人就难以适应这类工作。

总之，气质与职业活动的关系表现在两方面：一方面要使自己的气质特征适应工作的客观要求；另一方面在选择人才和安排工作时，要考虑个人的气质特点。

（七）气质与心理健康

不同的气质类型对人的心身健康有不同的影响。任何一种气质类型都有发展成不良心理的可能性，老年朋友必须学会分析和认识自己气质特征中的长处和短处，善于驾驭气质，如能控制气质上的消极方面，发展积极的方面，就有利于形成良好的心理素质。

小结

心理是脑的功能，脑是心理的器官；心理是客观现实在脑的反映，客观世界是心理产生的源泉，实践活动是心理发生、发展的基础；人的心理现象是心灵的海洋，是心理活动的表现形式；感知觉是老年人认知心理现象的起点，情绪与情感是老年人对客观事物是否满足自己的需要而产生的态度体验，注意是老年人心灵的开关，记忆是老年人心灵的仓库，思维是老年人心灵的中枢，想象是老年人思维的翅膀，意志是老年人成功的条件，能力是老年人成功的保障，气质是个人生来就具有的心理活动的动力特征。老年人也有禀性的差异，老年人要学会控制情绪和气质上的消极方面，形成良好的心理素质。

第二篇　老年心理变化及特征

学习目标

1. 了解老年感知的变化及特征。
2. 熟悉老年需要的变化及特征。
3. 掌握老年心理变化的特征。

// 案例导入

在定点救治医院的隔离病房中，79岁的新冠肺炎重症患者张老太，伴有严重的高血压等基础性疾病，还伴有轻微精神疾病，受到新冠肺炎疫情刺激心情更不好，情绪很低落。她拒绝吃药、拒绝治疗、拒绝吃饭。新冠肺炎疫情医疗救治专家组组长刘大夫在她的床旁同她整整促膝长谈了近两个小时，终于说服她调整心态积极治疗。经历20多个日日夜夜“在刀尖上行走”，在医疗队的精准治疗和医护人员的心理慰藉下，重症患者张老太转危为安，治愈出院那一天，所有参与救治的人都欢呼雀跃，奔走相告，很多医护人员激动地哭了。

// 案例分析

老年人渴望并追求天伦之乐，期待儿女的团聚和关心。良好的家庭关系是他们的寄托，老年人的适应性较差，面对新冠肺炎疫情的突然来袭，老年人会出现心理应激和躯体应激。新冠肺炎老年重症患者会出现焦虑、抑郁、失眠等症状，产生激动、敏感、易激惹等情绪。医护人员在救治老年患者的同时，还要接纳和觉察新冠肺炎老年患者的情绪变化，进行交流沟通；既重视新冠肺炎和基础病的治疗，又要关注老年患者的心理健康。

// 心理提示

医护人员对于新冠肺炎老年患者，要晓之以理，动之于情；病情上高度关注，行为上给予尊重，语言上与其交流；既要及时救治老年患者的病症，又要密切关注老年患者的心理波动。

人的心理是物种进化的必然结果，是神经系统和大脑的机能。人的心理变化是有客观规律的，是通过量变达到质变的过程；是从简单到复杂、由低级到高级、新质否定旧质的过程；是矛盾着的对立面又统一又斗争的过程。

人的心理各个方面的发展变化既相互联系又相互制约，如老年人知觉的变化是记忆变化的前提，而记忆的变化又反过来影响知觉的变化；人的遗传素质有差异，所处的环境和教育条件不尽相同，所从事的活动也不一样，心理发展变化的速度和心理各个方面的发展情况也是因人而异，人的心理变化有明显的个别差异，这就造成了同一年龄阶段的不同老年朋友在心理上的差异；人在一定社会条件的影响下，在生理功能和结构的制约下，通过心理内部矛盾的斗争和转化而有规律地向前演变。人的心理发展变化同时包含着两种相反的心理变化过程，即前进上升的变化和衰退下降的变化。在不同的年龄阶段，两种心理变化也有所不同，如在成年以前是前进上升的变化占优势，而到了老年，则是衰退下降的变化占优势。

老年期是人一生获得的丧失时期，丧失的主要内容既包括经济基础、社会角色和生活价值，还包括身心健康。老年期是人生历程中最后一个转折，这一时期，不仅机体衰老加快，疾病增多，面临死亡挑战，而且，老年人职业状况、家庭结构、婚姻形态、经济境遇等方面都在发生变化，这些变化对老年人的感觉、知觉、记忆、智力、情绪、情感、性格、兴趣等不同层次的心理都产生影响。影响老年人心理变化的因素主要有生理因素、感官老化、疾病增加、死亡威胁。

老年人各器官功能全面性衰老。首先是特殊感觉功能下降，视力减退，眼疲劳；听力减退，重听耳鸣；感觉迟钝，味觉减退。这些变化加重情绪不稳定、心理烦恼，为忧郁、偏执心理提供机能基础。肌力减退，疲乏无耐力，体质下降使老人缺乏兴趣和活力，不爱活动，安于现状和过刻板生活。躯体功能下降，多种衰老病症丛生，容易产生继发性情绪障碍和心理疾病。

唐代孙思邈的《千金翼方》中载“论曰：人年五十以上，阳气日衰，损与日至，心力渐退，忘前失后，兴居怠惰，计授皆不称心，视听不稳，多退少进，日月不等，万事零落，心无聊赖，健忘嗔怒，情性变异，食饮无妙，寝处不安……”生动地论述了人在衰老过程中的记忆、视觉、听觉、味觉以及性格、情绪状态等的一系列变化。

一、老年感知的变化及特征

老年人感知能力随年龄增加而减退，最常见的是视力和听力的老化。视觉分辨精细物体的能力在45岁之前有一个缓慢的下降过程，45岁以后下降速度加快。老年人由于听觉系统对不同频率声音感受性降低，听懂言语的能力也在下降；老年人视觉注意更容易受到无关刺激的干扰，注意转移的灵活性也变差。

随着年龄的增长，老年人感觉的生理器官发生衰退，与之相对应的是老年人的感知觉发生显著的退行性变化和神经系统退化，认知能力减退，反应迟钝。老年期的心理变化首先是从感知觉的生理渐变开始的。

（一）老年感知变化生理特征

感知能力是指大脑接收、加工、储存和应用信息的能力。如知觉、记忆、注意、思维和想象能力等，是人们成功完成活动最重要的条件。

老年人因感知器官衰退，导致感觉能力降低，意识性差，反应迟钝，注意力不集中等一系列变化（图2-1），影响对周围信息的接收。老年感知变化生理特征有以下方面。

图 2-1　老年感知变化心理特征示意图

1. 老年人感官系统退化

(1)皮肤皮下脂肪减少。皮肤皮下脂肪减少,皮下毛细血管减少。

(2)眼底血管硬化。老年人眼底血管硬化,视网膜变薄。因此,老年人易出现老花眼、青光眼、白内障及视网膜病变等症状。

(3)视听神经退化。①老年人视觉急剧衰退。老年人因眼底血管硬化、眼角膜变厚,晶状体混浊变黄,使得老年人视力模糊,对明暗度感觉能力降低,色差的识别能力下降,看鲜艳的色彩会变得灰暗。老年人的视力水平在60岁以后急剧衰退,其中近距离视力比远距离视力减退得更为明显,出现所谓的“老花眼”,所以老人们读书看报时常将书报拿得远远的,或者需佩戴老花镜(凸透镜)来纠正。②老年人听觉衰退显著。老年人因视听神经退化,听力下降。老年人经常性地短时间内失去听力和对高频声不敏感,倾向于安静的、尺度较小的、围合感较强的社交空间;老年人的高音听力比低音听力衰退得更显著,喜欢听中音和低音音乐;老人在不良听觉条件下或有噪声背景的情况下对声音的辨别能力减弱,与家人一起看电视,旁边有人闲谈时,老年人对电视情节的理解能力下降。

(4)味蕾萎缩。老年人因嗅觉功能衰退,对食物散发出来的香气的感受性变差;老年人味觉和嗅觉口腔黏膜萎缩、唾液减少及味蕾萎缩,舌乳头上的味蕾数目减少。每个舌乳头含味蕾平均数,儿童为248个,75岁以上老人减少至30~40个,味觉和嗅觉降低,以致影响食欲,因此,老年人易出现食欲减退。

2. 老年人神经系统退化

随着年龄增长,人的颅内某些中枢神经递质减少,脑血流量及脑耗氧量逐渐减少,儿茶酚胺含量减少;脑神经突触数量减少,神经传导速度减慢;植物神经变性、功能紊乱,导致体液循环、气体交换物质吸收与排泄,生长发育等内脏器官的功能活动平衡失调。

老年人中枢神经和末梢神经的生理功能减退。人在50岁左右,四肢末梢神经传导速度开始减慢,80~90岁,减慢15%~30%。老年人的脑动脉硬化导致脑供血供氧不足,出现老年痴呆或脑萎缩。

3. 老年心血管系统退化

随着老化进程,老年人心肌逐渐萎缩,心脏变得肥厚硬化、弹性降低,使心脏收缩能力减弱,心跳频率减慢,心脏每次搏动输出的血量减少，输送到各器官的血流量减少，氧气供应减少，引起心肌供血不足。

4. 老年人皮肤感觉逐渐老化

老年人皮肤因皮下脂肪减少，所以对冷、热、痛的感觉迟钝；老年人的眼角膜与鼻部的触觉降低，所以对流眼泪或流鼻涕常常毫无知觉；老年人由于新陈代谢减缓以及肌肉反应能力减退，所以在室温降低时往往不觉得冷，需要别人加以提醒。

5. 老年人适应能力减弱

老年人因心血管系统退化、神经系统功能减退，引起感知功能衰退，导致老年人听力下降、视力减退、视野变小、嗅觉不灵、感觉迟钝、感知时间延长，对周围环境的适应能力减弱，因而人们会用“老态龙钟”“老气横秋”来形容老年人。

（二）老年感知变化的心理和行为特征

1. 老年人生活圈窄小

由于耳聋、眼花，老年人对外界的信息很难正确迅速地接收，因此容易产生各种误解。另外，步入老年后，旧的社会关系疏远，新的社会关系尚未建立，有的老年人甚至对外界的信息刺激不闻不问，闭门独居，长期下去，无形中使自己的周围世界变得窄小了甚至与世隔绝。多数老年人由于体力的下降、健康的丧失、身心功能的衰退和社会联系的疏远等原因，往往很难保持心理上的平衡，种种错综复杂的消极心理会使老年人感觉失去生活的价值。

2. 老年人反应迟钝

感觉器官出现的退行性老化现象，导致感觉功能衰退。而感觉器官老化和感觉功能的衰退使老年人对外界刺激表现出感受性较弱、反应迟钝等现象。但在绝大多数老年人中，这种变化并不影响他们的正常生活，对复杂高级的心理活动也不产生重大影响，只要掌握各种感知觉退行性变化的规律和特点，采取积极的训练措施，延缓老年人感觉知觉功能退行性变化是完全有可能的。

3. 老年人容易迷路

老年人脑细胞的减少会造成老年人反应迟钝。衰老和疾病都会使老年人对外界事物的反应产生影响，常表现为思考能力降低，记忆力衰退，思维活动减慢，对外界环境信息认知和储存能力减弱。这使得老年人更倾向于生活在熟悉的环境中，对新环境的适应能力不强。在他们的头脑中早已形成对周围熟知环境的认知地图，而要重新建立这种认知地图，对老年人来说是非常困难的。因此，老年人容易迷路或转向。

4. 老年人容易患病

老年人新陈代谢减慢，体内激素等分泌减少，其健康状况因此容易受环境变化的影响。如空气湿度的变化，易导致老年人产生风湿病、高血压、心脏病、心脑血管疾病等老年慢性病。同时，老年人的疾病不容易根治，并且常常会因为一些小病引起复发。

总之，老年感知变化行为特征，首先是感觉迟钝，听力、视觉、嗅觉、皮肤感觉等功能减退，而致视力下降、听力减退、灵敏度下降；其次是动作灵活性差，动作不灵活，协调性差，反应迟缓，行动笨拙，容易患病等。

（三）提升老年感知能力具体方法

1. 提升老年人的认知感知力

针对老年认知障碍，目前还没有药物可以逆转，唯一能做的只有通过专业的护理减缓病情的加剧，帮助认知障碍老人提高生活质量。比如，可以通过用彩色纽扣与画笔，请老人完成“欢度国庆，喜迎重阳”的条幅制作活动，将色彩辨识和手部精细动作训练相结合，刺激提升认知障碍老人的感知力。

2. 提高老年人的空间感知力

使用多样的空间词汇提高老年人的空间感知力。例如请老年人在描述空间方位时尝试用特殊的词汇替代日常使用的“这里”或者“那里”，如“在柜子最顶层的右边”或者“在盒子后面右边的第三个”。这会使老年人描述的空间形象化，以此提高老年人的空间感知力。

3. 训练老年人的透视感知力

请老年人尝试用不同的角度画一些三维的几何体，例如老年人住的公寓的平面图，或者想象的空间，这可以训练老年人透视的感觉及感知力。

4. 提升老年人的幸福感知力

（1）生活条理化。生活有条理，严谨克制，也就是传统文化所讲的审慎自律。具体体现在老年人日常作息要有规律、生活有计划。康德可以说是这方面的典范。他的起居作息相当规律，据说他的散步时间之精确，可以用来校正钟表。他严格控制自己的起居作息，生活得有条不紊。

（2）克服神经质。“神经质”是描述一个人情绪不稳定的术语。神经质的突出表现是情绪不稳定，情绪不稳定不仅让人感到不幸，也会带来生理上变化。比如，会导致人体免疫力下降，从而让人更容易染病。如林黛玉看到花朵凋零，便联想到自己的身世际遇，悲从中来，泪流不尽。老年人要注意稳定情绪，克服神经质，感受幸福。

（3）掌握应对方式。人们在面对问题与压力时的第一反应有两种：问题应对和情绪应对。问题应对包括采取行动、制订计划、情感支持、工具支持、合理化解释、接受事实等；情绪应对则包括逃避、自责、情绪发泄、幻想、否认、忍耐等。研究显示，问题应对者会更幸福。原因很简单，问题应对者在解决问题的同时还增加了他人的情绪负担。小说《三国演义》中的诸葛亮就是一个典型的问题应对者。他的空城计、火烧赤壁等应对问题的策略流传至今。用具体方案来应对问题的人，比用情绪来应对问题的人更幸福。老年人要掌握好问题应对和情绪应对的方式。

（4）合理满足需要。著名心理学家马斯洛（Abraham H. Maslow）

提出，每个人都有基本的需要，包括生理需要、安全需要、归属和爱的需要等（详见本书第一篇）。生理需要如吃饭、喝水、睡觉等；安全需要即满足自己的安全感；归属需要即将自己划入某个群体的需要；爱的需要则包括爱人和被爱。基本需要若得不到满足，我们往往会觉得不幸。老年人要了解自己的基本需要，并合理地满足它们，是一门获取幸福的必修功课。

（5）常葆希望。心理学研究显示，那些怀有较高希望的人更幸福。希望不仅仅是一种情绪，还是一种特质。作为一种特质，希望有两个成分：一是意愿目标，二是实现目标的路径。人是受目标驱使的，当发现了自己内心真正的需要，并将这种需要变成潜意识，进而获得一种崭新的、强大的力量，这种力量会动员一切资源来帮助人们达到目标。因此，老年人要常葆希望，才能感知幸福，获取幸福。

“幸福不是毛毛雨，不会自己从天上掉下来。”如果老年朋友能从这五个方面提升幸福感知力，会越来越感受到生活的滋味原来如此甜蜜。

二、老年记忆的变化及特征

老年人的记忆力随年龄增加而下降。一般来说，记忆力从50岁开始就有所减退，70岁以后更明显。随着年龄增长，老年人神经组织功能逐渐衰退，脑细胞数量减少，大脑工作记忆容量变小，缺乏信息加工资源，缺少自我启动加工记忆的能力；脑功能逐渐衰退，神经递质短缺，致使大脑加工速度减慢，记忆效率降低；老年人反应速度减慢、感知动作速度减慢、认知速度减慢，致使记忆减退。

（一）老年记忆变化的生理特征

1. 老年人记忆随年龄增加而有所下降

心理学家的研究认定了记忆和年龄之间存在这样一种关系：假定18~35岁的人的记忆成绩为100，那么，35~60岁的人的记忆成绩就为80~85，60~85岁的人则为65。老年期记忆减退的年龄趋势表现在，40~50岁记忆减退后有所稳定，70岁是记忆衰退的关键转折期。可见，人的记忆也随着年龄增加而有所下降。

2. 老年人神经组织功能发生逐渐衰退

（1）老年人脑细胞数呈减少趋势。老年人的神经细胞数量逐渐减少，脑重减轻。人的脑细胞数自30岁以后呈减少趋势，60岁以上减少数量尤其显著，到75岁以上时可降至年轻时的60%左右。脑细胞数量随年龄增加递减，大脑的工作记忆容量逐渐变小，信息加工资源缺乏，自我启动加工记忆能力衰退，致使老年人记忆减退。

（2）老年人脑功能逐渐衰退。脑血管硬化，脑血流阻力加大，氧及营养素的利用率下降，脑功能的逐渐衰退出现某些神经系统症状，如记忆力减退、健忘、失眠，甚至产生情绪变化及某些精神症状。老年人的记忆力随着身体各器官的老化以很慢的速度减退，这是自然规律，也是正常现象。

(3)神经递质短缺导致老年痴呆。身体健康的人,记忆力退化的速度并不会像一般人所想象的那么快。人的记忆机制不会因为年龄增长而损坏,只是记忆效率降低而已。英国戏剧家莎士比亚有一句风趣的名言:“尽管我这暮景余年,却还保留着几分记忆;我这垂熄的油灯,却还闪着最后的微光。”老年痴呆和与年龄相关的记忆力减退是神经接连障碍的后果,而不是真正的神经细胞死亡。大量的脑萎缩患者,他们的脑细胞数量相对保持不变,而起决定性作用的神经递质短缺,导致神经末梢出现障碍,通过注射多巴胺代用品之后,记忆力就明显增强了。

(二)老年记忆变化的心理及行为特征

成人记忆随年龄增长而减退是一种自然现象,可称为记忆的正常老年化。虽然会给老年人带来不便,但一般说来,对他们的工作、学习和日常生活不至于产生很大影响。老年人记忆变化的心理和行为特征可归纳为以下几个方面。

1. 从记忆过程来看,瞬时记忆、长时记忆明显减退

记忆分为瞬时记忆(即保持 1~2 秒的记忆)、短时记忆(即 1 分钟以内的记忆)、长时记忆(即超过 1 分钟直至终生的记忆),随着年龄增长,老年人的瞬时记忆、长时记忆会出现明显减退。如 76 岁的张教授,眼镜明明就在鼻梁上却到处找眼镜,出门经常忘记带钥匙,烧开水忘记关火;60 岁的刘阿姨,经常忘记自己的存折里面有多少钱,每天都要拿出来翻一翻,存折都被翻破了。老年人的长时记忆变化分两种情况,对未衰退前接触过的事物长时记忆保持

相对较好，而衰退后接触的事物长时记忆明显下降，实证研究发现，老人对年轻时发生的事往往记忆犹新，对中年之事回忆能力较好，而仅对进入老年后发生的事遗忘较快，经常记忆事实混乱，情节支离破碎，甚至张冠李戴。

2. 从记忆内容来看，机械识记减退较快

老年人意义识记（即理解基础上的记忆）保持较好，而机械识记（即靠死记硬背的记忆）减退较快。例如，老人对于地名、人名、姓氏、数字等属于机械识记的内容记忆效果不佳。

老年人意义记忆比机械记忆减退缓慢，他们对有逻辑联系和有意义的内容，尤其是一些重要事情或与自己专业、先前的经验和知识有关的内容，记忆保持较好。老年人在理解基础上的记忆要比机械记忆更快、更准确、更长久，一般到六七十岁才有减退；相反，老年人对于需要死记硬背、无关联的内容很难记住，机械记忆四十多岁开始减退，六七十岁减退明显。

3. 从再认活动来看，识记对象明显减退

老年人再认能力明显比回忆能力好。再认是当老年人对于看过、听过或学过的事物再次呈现在眼前，能立即辨认出来；而回忆是刺激物不在眼前而要求再现出来，其难度大于再认，因此老年人回忆的年龄差异大于再认的年龄差异，表现在能认出熟人但叫不出名字。

老年人的再认活动（即当所记对象再次出现时能够认出来的记忆）保持较好，而再现活动（即让所识记对象在头脑中呈现出来的记忆）明显减退。老年人记忆力的减退主要是信息提取过程和再现能力的减弱，健忘是老年人信息提取过程和再现能力的减弱。

4. 从记忆环境来看，老年人记忆的干扰多于年轻人

老年人的记忆有时会出现干扰，要回忆的东西无论如何想不起来。这种干扰与老年人当时的情绪有关。在某种场合，由于思想过度紧张，心情高度压抑或亢奋，记忆常会被抑制。还有，当老年人处在喧闹的环境中，或有繁多的事情要处理时，老年人会对某些事情的回忆处于暂时的“凝固”或“冻结”状态。

总之，随年龄增长，老年人记忆能力变慢、下降，有意识记忆为主，无意识记忆为辅，再认能力尚好，回忆能力较差，老年人意义记忆完好，但机械记忆不如年轻人。另外，老年人在规定时间内速度记忆衰退。

（三）缓解与弥补老年期记忆衰退的具体方法

记忆与人的生理因素、健康、精神状况、记忆的训练、社会环境等都有关系。根据老年人记忆的生理和心理规律，家庭成员要经常提醒老人回忆往事，有助于减缓记忆力的衰退速度。缓解与弥补老年期记忆衰退有以下几种方法。

1. 多种感觉器官联合并用

人体的感觉器官主要有眼、耳、口、鼻、舌、皮肤等。它的主要作用是直接或者间接地接受外界和身体内的各种刺激，并且把这些刺激变成神经冲动，进而通过感觉传导通路，传到神经系统。人的记忆力也像人的大脑一样越用越好，老年人要学会充分利用大

脑记忆，运用眼、耳、口等多种感官参与记忆，口念、手写，调动自身更多的记忆“通道”参加记忆，用脑想，也要勤记多用、重复练习，增加印象以加强记忆训练，延缓记忆力的衰退和增强记忆力；也可以通过猜字谜、阅读、辩论、跳舞、读书、玩纸牌等活动，不同程度地增加神经突触的数目，增强神经细胞间的信号传导，有助于增强记忆。

2. 建立有规律的日常生活秩序

老年人要学会生活有规律，拨准生物钟，早晨六点起床，晚上九点睡觉，形成条件反射；晨起大便，开窗换气，睡前洗澡；均衡饮食（食物多样、七八分饱），多听节奏舒缓的音乐，消除大脑紧张；安静冥想，改善大脑活动；做事集中注意力，防止健忘的情况出现，老年人可以将自己的注意力集中在自己要做的事情上，将自己要做的每一件小事都赋予一定的意义，集中注意力专心地去完成可增强老年人记忆。

3. 经常进行适度锻炼保持大脑强健

身体健康状况不佳或是疾病的原因，往往会导致记忆力下降。生命不息、运动不止，保持大脑强健，老年人要经常进行适度锻炼，从事有氧运动能使更多血液输送到脑部，带进更多的氧和葡萄糖，进而增强脑功能。锻炼身体可以促进大脑自我更新，避免记忆力衰退；长期的心血管运动可以减少因年龄增长出现的脑组织损失，减轻记忆力衰退；唠叨可增强老年人记忆。进入老年期后，沉默寡言居多，言语不仅是不可或缺的心理宣泄方式，而且言语重复即唠叨可助长记性，唠叨在语言运用中也是重复说某一件事情某一个人，经常唠叨必然加深人对某一事或某一人的关注和记忆。

4. 适量补充营养物质和注意记忆卫生

老年人要及时而适量地补充蛋白质、微量元素、维生素等营养物质。摄取适量的“健康油脂”可减少血栓的发生，例如橄榄油、鱼油是维持血液正常循环的好选择，含有丰富维生素、矿物质的蔬菜水果也是保持健康的上佳选择。有的老年人记性差，是大脑中缺乏记忆信息传递员——乙酸胆碱。如果老年人经常吃橄榄油、鱼油食物和蔬菜水果，可改善老年人的记忆力。通过控制神经递质的浓度也能增强老年人的记忆能力。目前，已知的几种内分泌激素，比如肾上腺素、促肾上腺皮质激素或是加压素等，都具有调节记忆的作用，其中以肾上腺素对于记忆最为重要。此外，改善老年人的记忆力，还要戒除烟、酒，注意记忆卫生。

5. 家庭幸福愉悦身心增强记忆

老年人要尽量避免焦虑、忧愁、不安等消极情绪，因为心理作用在增强记忆中的作用是十分重要的。家庭幸福对老年人而言是提高记忆力的必要条件，特别是夫妻二人两情相悦的幸福感会使双方体内分泌激素和乙酰胆碱等物质，有利于增强机体免疫力，延缓大脑衰老，增强老年人记忆。

三、老年智力的变化及特征

智力是大脑的功能，由人们认识和改造客观事物的各种能力有机组合而成，主要包括注意、观察、想象、思维、实际操作和适应等能力，其中以思维能力为核心，它保证了人们有效地进行认识和实践活动。智力是一种稳定的心理特点，它是在人们具体的行为活动中显示出来的。随着年龄的增加脑细胞减少、脑组织萎缩、神经传导速度大幅降低，老年人普遍出现动作缓慢，状态不稳，运动障碍，反应能力差等行动特征。思维能力下降，抽象概括能力下降，思维散漫，说话常抓不住重点；办事多固执、刻板，常常以自我为中心，变得爱唠叨。总的来说，老年人思维随年龄增长而下降，但衰退的速度和程度存在个体差异。表现为思维局限、固化，推理能力下降等；液态智力随年龄增长而减退较早，老年期下降更明显；晶态智力一般不随年龄增长而减退，有的甚至还有所提高，直到 70 岁后才出现减退，且减退速度缓慢。所以，老年人智力随年龄增加脑功能减弱而下降。

（一）老年智力变化的生理特征

1. 老年人智力随年龄增长相对下降

生理学对智力的发展和衰退过程的纵向研究结果显示，人的智力一般在 20 岁左右时达到高峰，以后逐渐开始下降。50 岁时下降 10%，约相当于 16 岁时的智力；60 岁时下降 20%，约相当于 20 岁时的智力；70 岁时下降 30%，约相当于 10 岁时的智力。但由于生存者的其他脑细胞的代偿作用，大脑活动功能仍能维持，并保持相对正常的智力，所以，不能笼统地说智力随年龄增长都有所下降，老年人智力随年龄增加而有所下降是相对的。

2. 老年人智力随年龄增加脑组织萎缩而减退

神经精神系统的老化随年龄增加脑组织萎缩，脑细胞数减少。人出生后大脑细胞有 140 亿个左右且脑神经细胞停止分裂，自 20 岁开始，每年丧失 0.8%且随其种类、存在部位等的不同而选择性减少，随着年龄增长，人脑细胞不断死亡。进入老年期后，60 岁时大脑皮质神经和细胞数减少 20%～25%，小脑皮质神经细胞减少 25%。70 岁以上老人神经细胞总数减少可达 45%，脑室扩大，脑膜增厚，脂褐素沉积增多，障碍细胞的代谢，脑动脉硬化，血循环阻力增大，脑供血减少，耗氧量降低，致脑软化，约半数 65 岁以上的正常老人的脑部都可发现缺血性病灶。老年人脑多种神经递质能力的下降，导致老年人智力减退。

3. 老年人液态智力随年龄增加脑功能老化而减退

老年人的智力并非人们所以为的那样会全面退化，只是在某些方面有所衰减。有学者认为，智力是一种综合能力，可以分为“晶态智力”和“液态智力”两种。晶态智力主要是后天获得的，它与知识、文化、经验积累和领悟能力有关。例如知识、理解力等，由于老年人阅历广，经验多，这种智力易保持（甚至会增长），在 80 岁以后才有明显减退；液态智力主要与大脑、神经系统、感觉和运动器官的生理结构和功能有关。例如记忆、注意、思维敏捷性和反应速度等，这种智力减退得较早，也较快，一般在50岁以后就开始下降，60岁以后减退明显。

（二）老年智力变化的心理和行为特征

智力包括个体在认识活动中所必须具备的各种能力，如反应能力、观察能力、记忆能力、想象能力、思维能力、分析能力、判断能力、理解能力、领悟能力等。老年智力变化的心理和行为特征主要有以下方面。

1. 老年人智力随脑功能下降整体相对减退

随着脑功能的下降，老年人的智力，即观察力、记忆力、想象力、思维能力、注意力等，60岁时下降明显，80岁智力急速下降，呈整体相对衰退趋势。主要表现在：记忆能力下降，出现记忆广度、机械识记、再认和回忆减退，最严重的是老年痴呆，非常健忘，找不到自己所在的方向，不知道当时的时间方位；思维能力下降，出现思维迟缓，思维固执；注意力下降，出现注意难以集中、持久性差等。老年人因大脑皮层的衰变，受皮层控制的皮层下部的本能活动占优势，会出现随意大小便、儿童行为等。

2. 老年人的液态智力随着年龄增长保持较好

液态智力，即理解能力、领悟能力、分析能力、判断能力、洞察能力等。老年人的液态智力随着年龄的增长保持较好，80岁以后才有明显减退。老年人在晚年依然保持着旺盛的创造力，著名经济学家马寅初在古稀之年创立了“新人口论”，美国发明大王爱迪生在81岁时获得了他的第1033项发明专利，世界著名画家毕加索

90 岁时还在绘画雕刻，孙思邈在百岁高龄完成了他的第二部医学巨著《千金翼方》等；凡与人生阅历和实践经验（即液态智力）关系密切的领域较多出现大器晚成的学者和科学家。

3. 老年人动作智力随增龄有所衰减

人的动作智力随脑功能衰退而下降，60 岁开始动作智力衰退明显，老年人易出现动作缓慢等症状；语言智力则保持较好，80 岁以后才会明显下降。例如，在舞台上看到许多老相声表演艺术家，他们的口头语言表达能力仍然“宝刀未老，威力不减”，但动作表演能力就难免有些“力不从心”了。

总之，老年期智力是多因素综合的心理特征。老年期智力水平有所减退，并非全部减退；老年期智力衰退呈现不平衡性。

（三）提升老年智力的具体方法

1. 学习和积累增进老年智力水平

老年人的智力有着很大的可塑性和提升空间，活到老，学到老，通过持之不懈的学习和积累，可以使老年人的智力水平发挥得更好、更充分。

2. 勤做健脑运动

经常进行适度锻炼可以使老年人的脑细胞成倍增加，可以保护老年人的脑细胞，并可以增进脑细胞神经间的传输速度，从而使老年人的大脑处于最佳状态。勤做健脑运动可以提高老年人的智力，研究表明，经常玩填字游戏、记菜单、换个手刷牙、闭上眼睛洗澡等健脑运动可以大大提高人们的智力。

3. 睡眠充足及补充大脑养料

(1)充足的睡眠。睡眠不仅是身体休息的必需,也是增进脑力和创造力不可或缺的环节,充足的睡眠可以提高老年人的创造力和想象力。

(2)补充 DHA。DHA 是大脑细胞膜的关键组成部分,老年人应多吃鱼、动物肝脏等富含 DHA 的食物,年纪越大,越需要补充 DHA。

(3)补充葡萄糖和维生素。葡萄糖是大脑的主要燃料之一,葡萄糖可以转化为能量,成为大脑的食物,延缓脑功能衰退。维生素 D 作用于海马体和小脑,这里是负责计划、处理信息的重要部分。

(4)多听音乐,多吃香蕉和苹果。音乐可以增加脑力,听音乐可以提高智商,这就是莫扎特效应。多吃香蕉和苹果对人的思维和记忆力能有很大的提高和改善作用。

4. 帮助老年人度过心理危机

家庭和社会要关照思维能力下降的老年人,帮助老年人度过心理危机。晚辈平日里一定要多抽出空闲时间与老年人在一起聊聊,了解他们的不良心态,努力帮助他们克服心理危机,使他们过一个快乐幸福的晚年。

四、老年情绪情感的变化及特征

老年人的情绪随着年龄的增长趋向不稳定。由于生理老化、社会角色改变、社会交往减少以及心理机能变化等主客观原因，老年人经常会产生消极情绪体验和反应，如紧张害怕、孤独寂寞、无用失落以及抑郁焦虑等；老年人情绪不稳定，常表现为易兴奋、烦躁，喜欢唠叨、与人争论，且情绪激动后不易恢复。

老化情绪是老年人对各种事物变化的一种特殊的精神神经反应，这种反应因人而异，表现复杂多变，严重干扰和损害老年人的生理功能、防病能力，影响神经、免疫、内分泌及其他各系统的功能，从而加速衰老和老年性疾病的发生和发展。

（一）老年情绪情感变化的生理特征

1. 中枢神经递质传递能力随增龄衰变

中枢神经递质是在中枢神经系统内将信息由一个神经元传到另一个神经元的介导物质，在突触传递中是担当“信使”的特定化学物质，简称递质。神经递质分为抑制性神经递质和兴奋性神经递质两种。神经元之间的信息传递，很多都与神经递质和神经调质有关。多巴胺、乙酰胆碱、r-氨基丁酸、五羟色胺、去甲肾上腺素、P 物质、脑啡肽和强啡肽等，都精准地执行各自的生理功能，直接或间接地参与调节和维持神经功能平衡的作用。神经生化物质产生和传递出现障碍的时候，就会出现一系列的身心疾病。中枢神经递质传递能力随增龄的下降，导致老年人健忘、智力减退、精神性格改变等。

2. 中枢神经递质代谢功能随增龄降低

中枢神经递质代谢异常及相应受体功能改变,可能与心境障碍的发生有关。5-羟色胺(5-HT)假说认为,5-HT 直接或间接参与调节人的心境,5-HT 功能活动降低与抑郁症有关,而 5-HT 功能增高与躁狂症有关;去甲肾上腺素(NE)假说认为,NE 功能活动降低可能与抑郁发作有关,NE 功能活动增高可能与躁狂发作有关;多巴胺(DA)假说则认为,DA 功能活动降低可能与抑郁发作有关,反之可能与躁狂发作有关。中枢神经递质代谢随增龄出现异常导致老年人出现心境障碍。老年人脑内生物胺代谢功能下降,易产生焦虑心理,使老年人变得心胸狭窄、吝啬、固执、急躁,久而久之则会引起神经内分泌失调,促使疾病发生。

3. 下丘脑调节功能随增龄发生减退

下丘脑是体内植物神经中枢。情绪的丘脑学说指出:切去脑皮层(丘脑保留)的生物个体表现出过分的愤怒反应,丘脑切除,其反应消失;丘脑单侧的伤害,则增加来自身体该侧面的情绪成分;影响丘脑一边的瘤,则影响单侧的情绪表现;轻度的麻醉引起脑皮层对下级中枢控制的短暂减弱;因疾病引起的永久损害,会使人产生持久流泪与哭的表情。

“老化钟”位于下丘脑,其功能衰退使各种促激素释放激素分泌减少或作用减轻,接受下丘脑调节的垂体及下属靶腺的功能也随之发生全面减退,从而引起衰老的发生与发展。随着年龄增长,下丘脑的受体数减少,对糖皮质激素和血糖的反应均减弱,对负反馈抑制的阈值升高。丘脑是情绪的控制中心，当丘脑神经过程被激动起来时，专业性质的情绪才附加到简单的感觉上，来自外界刺激而产生的知觉被传送到丘脑，丘脑对其进行加工后传送到皮层产生情绪体验，同时丘脑又通过激活内脏和骨骼肌产生外围的一切生理变化。随增龄植物神经变性，功能紊乱，丘脑神经控制能力减弱，导致老年人情绪易波动。

4. 肾上腺的皮质细胞随增龄逐渐减少

个体在出乎意料的紧张情况下产生的情绪状态，是对某种意外的环境刺激做出的适应性反应。产生应激状态的原因是：已有的知识经验与当前所面临的事件产生的新要求不一致，新异情境的要求是过去所未经历过的；或者当个体已有的经验不足以使其对付当前的境遇时，也会产生无能为力的压力感和紧张感等应激反应。正常情况下，这种应变反应利于体内的调整和适应，也能够被机体所忍受；但在特殊情况下，如刺激过强或过久，则可导致心身功能失常，甚至死亡。

老年人肾上腺的皮、髓质细胞均减少，不论性别，随增龄肾上腺皮质的雄激素分泌皆直线下降，使老年人保持内环境稳定的能力与应激能力降低。大脑皮层额叶随增龄而退化衰变，应变反应能力降低，受皮层控制的皮层下部的本能活动占优势，因此老年人会出现儿童行为。

（二）老年情绪情感变化的心理和行为特征

“眉毛皱得出的形状叫情绪，眉毛皱不出的形状叫情感。”进入老年期后，随着老年人生理机能的老化和健康状况的衰退，离退休后脱离了原有的工作岗位，家中子女又逐渐独立并成家立业，老年人的生活环境和角色地位发生了较大改变，生理和心理的变化对老年人的身心健康产生了不良影响，不同程度地加重各种老年性疾病，老年人情绪和情感呈现出新的行为特点。

1. 老年情感变化的心理和行为特征

老年人由于各自的人生经历、文化背景、生活环境、个性特征和行为需求存在差异，因而他们所处的情绪情感状态也会不一样。人进入老年期后，随着年岁的增长、身体健康水平下降、社交圈子缩小、空闲时间增多，会出现一系列消极情绪情感体验，具体来说老年人的情感表现有以下心理和行为特征。

(1)衰老感和怀旧感同现。衰老感指的是个体面临正常心理衰老现象或退休、丧偶等生活事件而产生的“老了，不中用了”的心理体验。衰老感使老年人受消极自我暗示的影响，加剧大脑功能的衰老甚至病变，从而会产生短期的记忆力下降，变得固执、怪癖，严重的还会自我封闭甚至引发濒死感。怀旧感指的是个体面对老年期的处境而产生的对年轻时代或故人、故物怀念和留念的一种心理体验，如果老年人过分怀旧，就很容易出现极度思念之情，难免会心绪忧伤、悲观失望，这会影响老年人的身心健康。

(2)空虚感和孤独感共生。空虚感指的是个体在空闲状态下对时间的高度估计以及如何度过时间所产生的一种内在体验。老年人退休后,可以自由分配的时间比较多,如果没有新的内容来充实,缺乏自己感兴趣的活动,就会觉得很无聊,容易引起老年人失眠、不宁,甚至对人生悲观失望。孤独感指的是个体由于社交交往需求未得到满足而产生的一种内心体验,它往往给人带来寂寞、冷落甚至被遗弃的体验。由于子女逐渐独立,老年人又远离社会生活,离开了岗位相对减少了同他人的联系,自己体力渐衰,行动不便,与亲朋好友的来往频率下降,信息交流不畅,因此容易产生孤独感。严重的会导致老年人人格变态,有碍健康。

(3)焦虑感和抑郁感相伴。焦虑感指的是个体在面临现实存在的或预计会出现的对自身会产生某种威胁的客观事物所引起的一种心理体验。有些老年人会因为不适应新角色或者没有及时退出旧角色而引起角色冲突,手足无措,产生焦虑感。焦虑感从积极方面看,可以增强老年人改变现状紧迫性的作用,但在更多的情况下,会带给老年人消极的作用。抑郁感指的是个体因目标追求受挫而悲观失望时所产生的一种心理体验。有些老年人会因为自己身体的某些不适应迟迟不能排除而担忧疑惑,为得不到子女和周围人的理解和体谅而郁闷伤感,这种情绪很容易使得老年人对周围一切不关注,缺乏兴趣,或者常有一些莫名其妙的烦恼和不快,但是这些现象不再受新的刺激会自行消失的。

(4)自尊感和自卑感共存。自尊感指的是他人的言行满足尊重自己的需要所产生的一种情绪。老年人一般都有较强的自尊感，自尊感是一种积极的情绪，可以起自我约束、自我激励的作用，当自尊的需要不能得到应有的满足时，老年人往往会以愤怒的情绪表现出来，或者走向事物的反面产生自卑感。自卑感指的是过低地评价自己或自尊感得不到满足而产生的一种情感。有些老年人觉得自己退休后跟不上社会，容易产生自卑的感觉，使老年人自我封闭、自我孤立、自我退缩和减少社会交往。

（5）嫉妒感和恐惧感出现。人进入老年期后，对周围人不信任感和自尊心增强，常计较别人的言谈举止，严重者认为别人居心叵测，常为之而猜疑重重。由于生理功能减退，性欲下降，易怀疑自己配偶的行为，常因之而争吵。并且由于判断力和理解力减退，常使这些想法变得更为顽固，甚至发展为妄想。每当目睹年轻人活泼好动等性格时，常因之而嫉妒和自责。人到 60 岁以后，会引起一系列生理和心理上的退行性变化，体力和记忆力都会逐步下降。这种正常的衰老变化使老年人难免有“力不从心”的感受，并且带来一些身体不适和痛苦。尤其是高龄老人，甚至担心“死亡将至”而胡乱求医用药。在衰老的基础上若再加上疾病，有些老年人就会产生忧愁、烦恼、恐惧心理。随着身体的老化，老年人变得越发害怕生病，一方面是担心生病后自己生活难以自理，给家人和晚辈带来麻烦，变成家庭的累赘；另一方面，一旦生病，特别是重病，老年人似乎就感觉离死神不远了，因此，老年人对疾病和死亡通常会产生恐惧感。

2. 老年人情绪变化心理和行为特征

老年人情绪发生时会引起机体一系列变化。老年人惊恐时，呼吸会暂时中断；老年人在狂喜或悲痛时，呼吸会发生痉挛现象；老年人在平静状态下，心跳正常，血管舒张；老年人愤怒恐惧时，心跳加速，血管收缩，血压升高，血糖增加；焦虑不安的老年人血液中肾上腺素增多；老年人在悲伤时往往会流泪，焦急或恐惧时会冒汗；愤怒的老年人血液中去甲肾上腺素增加；老年人兴奋时眉开眼笑、眉飞色舞、手舞足蹈、捧腹大笑；老年人愤怒时咬牙切齿、怒发冲冠，声音高尖且有颤抖；老年人紧张时张口结舌、坐立不安；老年人痛苦时语调缓慢而深沉。

（1）老年人应激状态下情绪反应强烈。老年人在应激状态下表现出来的情绪反应主要有焦虑、恐惧、愤怒、抑郁和敌意等。焦虑是老年人应激条件下最常见的一种心理反应，过度焦虑会妨碍老年人的智能发挥。恐惧通常会伴随回避行为，严重的恐惧则能造成老年人习性失助（坐以待毙，无丝毫行为反应）或情绪释放（哭、笑、喊、唱、跳、闹）等失控行为。过度愤怒可使老年人丧失理智或失去自控而导致不良后果，如果愤怒的情绪既没有得到及时疏导，又没有产生攻击性行为而得以发泄，长期积结于心，对老年人的健康将十分不利。

（2）老年人关切自身健康状况的情绪增强。随着年龄增长，健康状况日益下降，老年人变得更加关注自己的身体，对于疾病较为重视，老年人关切自身健康状况的情绪活动增强。尤其是老年女性,怀疑自己患病和有失眠现象的显著多于男性。60岁以上老年人,有半数的老年人出现疑病症状,这是由于老年人的心理特点已从对外界事物的关心转向自己的躯体所致,加上这些关心可因某些主观感觉而加强,并因顽固、执拗的个性,更易出现疑病症状,常出现头部不适、耳鸣、胃肠道功能异常以及失眠等。即使稍有不适,也要向周围人去诉述。有时会过分注意报刊书籍上的一些医学常识而对照自己的不适感,常为此而心神不定、惶惶不安,甚至多次求医就诊。

(3)老年人消极悲观的负性情绪占上风。老年人消极悲观的负性情绪随增龄开始占上风。例如,提及社会中的不良或不道德现象,老人就常抱怨世风日下,今不如昔;谈到舒适享受,老年人往往感叹“只是近黄昏”。

1)情绪不稳表现。老年人情绪不稳定,易伤感、易激怒,不仅对当前事情易怒,而且容易引发对以往情绪压抑的怒火爆发。发火以后又常常觉得如果按自己以前的性格,是不会对这点小事发火的,从而产生懊悔心理。老年人对突发的事件往往担惊受怕,严重时还会出现血压升高、心悸、呼吸加快、尿频、厌食等症状。

2)不良情绪表现。①失落情绪:失落感即心理上若有所失,遭受冷漠的感觉。离退休后,老年人的主导活动和社会角色发生了改变,从工作单位转向家庭,其社会关系和生活环境较之以前显得陌生,加上子女“离巢”,过去那种热情、热闹的氛围一去不复返,对新的生活规律往往又不能很快适应,心理上若有所失,失落情绪便会油然而生。②忧郁情绪:在主观方面,老年人具有自己既定的人际交往模式，不易结交新朋友，人际关系范围逐渐缩小，从而引发封闭性的心理状态，有事无人诉说，情绪忧郁寡欢。长吁短叹、烦躁不安，情绪低落或者郁郁寡欢，这些都是抑郁的表现。抑郁随着衰老、精神情感变化日益明显，表现为内心空虚，常伴有自责，往往有杞人忧天之感，时有大难临头的紧张感，无缘无故地担心会发生不幸的事，为一点小事而忐忑不安、夜不成眠、食不知味、心慌意乱，或是抑郁苦闷，遇到问题时缺少进取态度。③疑虑情绪：尽管年岁日增，但老年人常常自觉经验丰富，才能不凡，一旦退休就无从发挥，自尊心受挫，大有“英雄无用武之地”的感叹，于是空虚、寂寞、受冷落之情绪袭上心头，往往误以为自身价值不复存在，久而久之就会低估自己甚至看不起自己，这种自卑感一旦形成，老年人就会经常对自己产生怀疑，忧心忡忡，表现过分焦虑、疑虑的情绪。

3. 老年人容易出现失眠现象

失眠症是以频繁而持续的入睡困难和（或）睡眠维持困难并导致睡眠感不满意为特征的睡眠障碍。失眠症可孤立存在，或者与精神障碍、躯体疾病或物质滥用共同存在。老年人由于大脑皮质兴奋和抑制能力低下，新陈代谢减慢，精力消耗少，容易造成睡眠减少、睡眠浅、多梦、早醒等失眠现象。出现失眠现象的老年人，睡得少又睡不好，或者是半夜频频醒来。造成老年人失眠的原因主要有两种，一是生理失眠，二是心理失眠。由于老年人常有生理疾病，如心脏病、关节炎还有高血压等，这些都可能是困扰老人的危险因子，使老年人容易出现紧张、抑郁的情绪，从而影响了睡眠。

4. 老年人随增龄出现"回归心理"

老年人随增龄出现"老还小"的"回归心理"现象。身虽老,心亦壮,因身体老而觉得力不从心,从而容易出现焦虑执拗,喜怒无常,脾气很难琢磨,产生童稚心理,像小孩一样任性、固执、暴怒和健忘。对于老年人来说,"回归心理"是一种不良的心理机制。它会引发不良心绪,使人忧郁悲观、烦躁易怒。

总之,老年人随增龄心理安全感下降、适应能力减弱、出现失落感、自卑感、孤独感和空虚感等。由于受到生理条件的限制,例如短期记忆能力的衰退和思维能力的退化,老年人对新近事物的接受能力比较低,学习和理解一项新事物需要更长的时间,对社会和生活环境的适应能力减弱,容易产生自卑情绪。

(三)缓解老年情绪的具体方法

1. 学会控制情绪

人的情绪受人的意识和意志控制,老年人应该善于驾驭自己的情绪。遇到心理刺激时,要学会主动控制自己的情绪,进行自我心理调整,使各种矛盾得到缓解,情绪得以安定。比如,当怒气涌上心头时,老年人不妨赶快冷静一下,默默地从一数到十,利用这个间隙想一想,认识到发怒实在不值得,只会给自己带来更多的苦恼;也可以看看书报杂志、听听音乐、眺望远处的景色等;或通过咬咬牙齿、紧闭嘴唇、深呼吸等小动作,借以转移注意力,求得暂时的缓冲。

2. 积极锻炼体魄

人的情绪与身体健康有密切关系。一个人身体健康往往表现为精力充沛、心情开朗。一个人长期疾病缠身,则容易抑郁。因此,老年人要合理安排生活,按时作息、按时就餐、按时锻炼身体,每天早上、午休后定时到室外散步、打太极拳、唱歌跳舞等。强健体魄是情绪饱满的基础。

3. 关心家庭培养兴趣

老年人不论怎么忙,都应关心自己的家庭,应该保持一个健全的家庭,以及和谐的家庭成员人际关系(特别是夫妻关系),懂得“结发夫妻丑也好,粗布缝衣衣也牢”以及“家和万事兴”的道理。当然,也要结识良师益友,与周围人多接触,寻求安慰和支持。同时还要有一些业余活动或兴趣爱好,丰富生活情趣,借以转移注意方向,松弛精神紧张。

4. 调节老年人失眠现象

(1)对症下药。老年人出现失眠现象,要协同医生对症下药,排解失眠的痛苦。安眠药只可偶尔一用,不能作为睡眠依靠,因为药物都是通过神经抑制的形式来促成安眠,长期服用的最终效果必然是造成神经系统的麻痹和反应迟钝,对身体健康的危害不可小觑,应该谨慎服用。

(2)心理咨询。老年人出现失眠现象时,要及时进行心理咨询,寻求心理治疗,以免失眠现象加剧,引发严重的精神心理疾病。

(3)保健按摩。睡觉前不要过饥或过饱,也不要吸烟或喝浓茶、咖啡。经常做头部、面部、脚部保健按摩,并坚持按摩关元、气海、足三里等穴位,对睡眠有一定的作用。

(4)心态平衡。人的情绪与身体健康有密切关系。一个人身体健康往往表现精力充沛、心情开朗;一个人长期疾病缠身,容易抑郁;一个人经常发怒,则容易失眠。因此,老年人应该合理安排生活,按时作息,保持一定量的体育锻炼活动,到室外去接触阳光,与人交流,这些都是有助于睡眠的,适当睡眠是情绪饱满与安定的基础。

(5)淡化失眠。很多人的失眠都是一时的,并不可怕,而对睡眠的过度关注引发的焦虑,会加重失眠,使人陷入一种失眠、焦虑、严重失眠的恶性循环中。对此,面对失眠,老年人要坦然处置,不忧虑、不恐惧的平静心情,反而更容易入睡。

5. 家庭成员助力,化解老人心理危机

家庭成员要根据老年情绪情感变化行为特征及老年人的兴趣爱好,开展一些老年人喜爱的活动,或者督促老年人坚持经常进行舒缓情绪的活动,以宣泄抑郁情绪;家庭成员经常与老年人交谈,通过交谈,心底的郁积得到了宣泄;在家庭和社区环境中积极创造机会,使老年人能参与正常的家庭劳动和社会职业活动,以增加老年人的社会归属感和建立正常的人际交往能力。

(1)陪伴。家庭成员要经常陪伴老年人,使老年人增加安全感。

(2)倾听。家庭成员要倾听老年人唠叨,倾听和理解是最好的安慰剂。人们常说“一吐为快”，但要吐而快之，必须有人倾听。人们常常有这样的感觉，把心中的话都讲出来之后，心情也就舒畅了，家庭成员倾听时不要随意打断老年人的讲话，不要轻易否定老年人的看法，也不要向老年人乱下保证。倾听时要专心致志，思想集中，才能收到好的效果。

（3）疏导。“当局者迷，旁观者清。”家庭成员的疏导能帮助老年人走出误区，客观公正地看问题，缓解负面情绪，化解心理危机。

（4）实施老年人健康教育。对患有心理疾病的老年人进行相关疾病知识教育，帮助其认识疾病性质、症状，以促进老年人正确对待疾病；讲解药物治疗的重要性和常见不良反应的辨识，介绍疾病复发的先兆表现及促发因素，以尽早识别复发症状；教育老年人生活要有规律，保持积极乐观的心态，积极参与社会活动；家人尽量注意避免精神刺激因素，促进老年人维持稳定的心境。助人自助是老年人自我疗治心理疾患的主要方法，老年人要学会自我心理减压（图 2-2）。

图 2-2　老年人学会自我心理减压

五、老年需要的变化及特征

人的需要可以分为生物性的需要和社会性的需要两种，一般来说，进入老年期以后，人的生物性需要降低，表现在老年人对衣、食、住、行等方面的物质需求缩减，性欲也有所减弱，但在社会性需要或心理需要方面，却出现了一些新的特点。

（一）老年人需要变化的生理特征

需要是有机体内部的不平衡状态。这种不平衡状态包括生理的不平衡和心理的不平衡。血糖下降促使个体去求食，寂寞孤独会促使个体去交往，父母望子成龙会促使子女积极向上。老年人生理需要变化具有以下特点。

(1)正常人群的生理需求。老年人的需求依然符合马斯洛的需要层次理论(图 2-3)。美国心理学家马斯洛将人的需要分为五个层次，从低到高分别为生理需要、安全需要、归属与爱的需要、尊重需要和自我实现需要。

1)生理需要。生理需要是指维持老年人生存的需要，是老年人最基本、最强烈的需要。主要包括对食物、空气、水、睡眠、排泄和休息等的需要。生理需要在老年人需要中要优先满足。

2)安全需要。安全需要是指老年人要求稳定、安全、受到保护、有秩序，免除恐惧和焦虑的需要。主要包括老年人需要生活有保障、生命财产得到保护等。

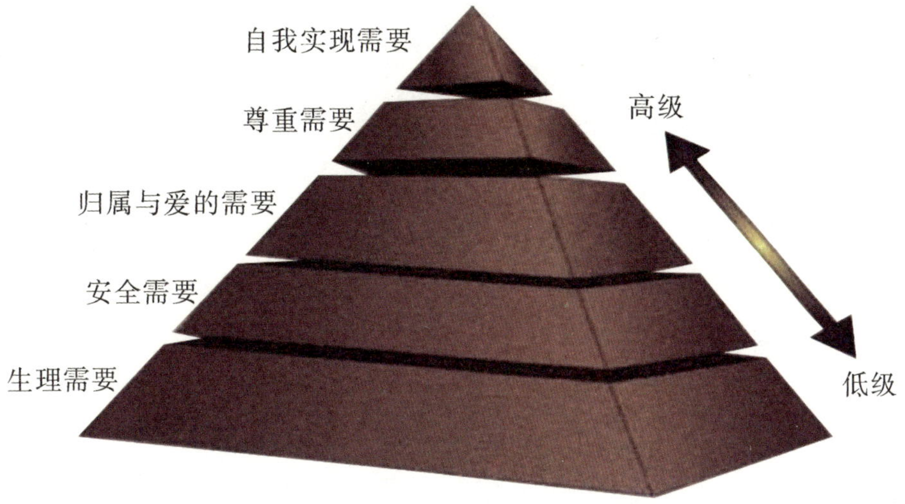

图 2-3　马斯洛的需要层次模式

3）归属与爱的需要。归属与爱的需要是老年人渴望回归家庭，希望在家庭中拥有位置，并渴望与亲人保持感情来往，包括爱别人、被爱和有归属感、免遭遗弃和拒绝等需要。

知识链接

高峰体验

美国心理学家马斯洛提出了“高峰体验”这一术语。“高峰体验”是指老年人在日常生活、文艺欣赏或投身于大自然时，感受到一种奇妙、着迷、忘我并与外部世界融为一体的美好感觉。处于这种状态的老年人感到自己与所有事物和谐一致，清新、自发、独立和警觉，超然于时空之外。使老年人情绪饱满、高涨的“高峰体验”往往难名其状。马斯洛认为：那些心理健康的成功老年人几乎都有这种“高峰体验”，而且次数频繁。他们的成就阈值更高，更有自信心，更少有抑郁等消极情绪，因而他们的心理更健康。

4)尊重需要。尊重需要包括老年人自尊和受到别人的尊重。老年人希望自己得到稳定的高评价。尊重需要的满足可以使老年人感到有价值,有能力,使老年人自信心增强。

5)自我实现需要。自我实现需要是指老年人都希望能发挥自己的潜能达到实现自己的理想、抱负和人生价值的需要。满足这个最高层次的需要会使老年人感到最大的快乐。

马斯洛认为,需要的产生由低级向高级的发展是波浪式地推进的,在低一级需要没有完全满足时,高一级的需要就产生了,而当低一级需要的高峰过去了但没有完全消失时,高一级的需要就逐步增强,直到占绝对优势(图2-4)。

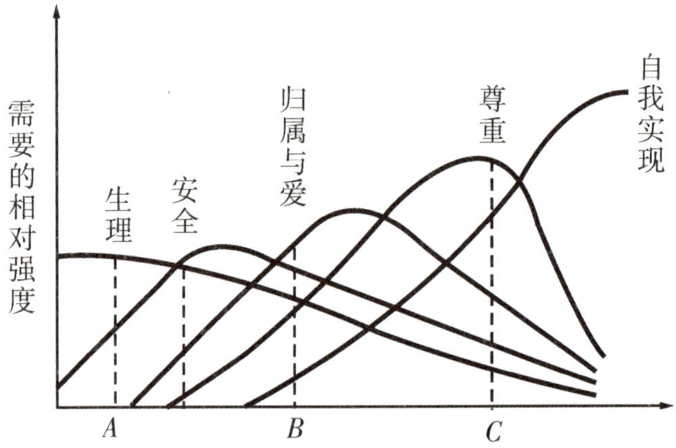

图2-4　马斯洛所描绘的五种主要需要渐进变化图

(2)老年人归属与爱需求强烈。马斯洛认为,人同时可能有多种需要,其中优势需要起主导作用,是个体行为积极性的推动力。不同年龄阶段需要的主题是不同的。由于老年人的适应能力下降,易产生孤独感,所以,老年人的需要最重要的是归属与爱。

(3)老年人生物性需要降低。睾丸或卵巢萎缩退化,分泌性激素减少,使老年人的性需求减弱。表现在老年人对衣、食、住、行等方面的物质需求缩减,性欲也有所减弱,但也因人而异,老年人生理需求差异化是现实存在的。

(4)老年人休闲方式固定。老年人的休闲方式常处于一种固定的模式状态,有固定的休闲伙伴、固定的休闲场所以及休闲时间。老年人的朋友圈多以邻居和老伙伴为主,活动地点多选择社区中的室内休闲设施、绿地花园、凉亭、空地等空间。

(二)老年人需要变化的心理和行为特征

老年人退休后的活动范围与工作时期相比大幅减少,其活动中心也从工作单位转变为家庭及小区,社会交往从以同事为主变为以家人、邻居为主,加上生理变化的影响,其心理和行为需要也相应地发生变化。

1. 老有所养

《论语》有云:“老者安之,朋友信之,少者怀之。”“老者安之”变化即让老人过上安定的生活,使之老有所养。老有所养是指人年老后丧失全部或部分劳动能力和经济来源时有子女等后代赡养和照顾。具体来说就是无衣食之忧,无住行之虑,生活上有人给予照顾和扶助。老有所养是老年人最基本、最底层次的心理需求。

2. 老有所归

按照马斯洛的需要层次理论,人作为一个社会性的存在,有归属的心理需求。青少年时,家庭完整,父母在世,这种需求表现为对家庭的依恋和对父母的依赖；而进入老年期后，子女纷纷“离巢”，家庭的完整性被分割，老人的孤独感油然而起，这时的老人需要的是一种精神上的归属感以排解孤独。正所谓“少小离家老大回”，许多老人在退休后都渴望回到自己的家乡，安度晚年。这体现的就是老年人叶落归根的心理。

3. 老而有爱

爱是人与人之间关系的一种重要的表现形式，体现了老年人的一种精神追求。从夫妻关系来看，老年人对爱情的需求并不比年轻人少，只是他们用老年人特有的更深沉的依恋方式取代了年轻人那种轰轰烈烈的热恋。俗话说，“少年夫妻老来伴”，对于老年人来说，爱情在老年夫妻之间更多地表现为相敬如宾、相互扶持和照顾。当然，老年人不仅需要夫妻之爱，也需要子女的关爱。子女过于投入自己的事业和小家庭，疏忽了老人，往往会使老人产生孤独感和失落感。充分享受天伦之乐，拥有亲情的精神支持，是老人最大的幸福和欣慰。

4. 老而受尊

老年人都有受他人尊重的心理需要，但与中青年人那种因能力、业绩、财富而受他人羡慕和认同的心理需要不同，老年人更需要的是别人能够听取他的意见，看重他的经验，肯定他的过去。实际上，这种尊重经常反映在日常生活的各种礼仪中。例如，出门让老人先行，坐车为老人让座，赴宴时让老人上座等，对于这些照顾，老人其实可能并不真正在乎，重要的是从这些细节中让老年人获得了一种受人尊重的心理满足。但是,老人也应该正确对待自己和尊重年轻人,不能倚老卖老。

5. 消费观发生变化

(1)老年人消费结构转型升级。城乡老年人消费行为正在逐步由生存型向文化休闲型转变。随着收入的增加,在基本生存得到满足的基础上,老年人的需求开始向更高层次发展。老年人的养老需求,已经不仅仅是满足吃、住、行等这些基础的需求,更多地向有品质的养老生活发展,比如说对文化活动的需求越来越大。

(2)从众性的消费心理增强。随着老年人的认知能力和思维能力的逐渐减弱,一些老年朋友不能正确辨别购买风险,不能做出有决定性的购买判断,往往会产生从众性的消费心理和非理性的消费行为,例如购买大量的保健品和三无产品(无生产日期、无质量合格证以及无生产厂家,来路不明的产品)等。

(3)购买方式。首选大商店,部分网购和电话购物。老年消费者多数选择在大商场和离家较近的商店购买,在专卖店和连锁店购买商品的老年消费者也占有一定的比例。这是因为大商场、专卖店和连锁店所提供的商品一般在质量上可以得到保障,而且在购物环境和服务方面也有较大优势。老年消费者的体力相对以前有所下降,他们希望能够在比较近的地方买到自己满意的商品,并且希望能够得到周到的服务。

一部分老年消费者会通过网络、电视直销和电话购物购买商品。由于一些虚假广告的负面影响,使得一部分老年消费者对广告产生了反感情绪。心理成熟、经验丰富的老年消费者一般会通过网上多家选择和仔细判断选出自己满意的商品。这说明随着我国市场经济的不断发展,相当一部分老年消费者的消费行为也在随着时代的变迁而改变,他们对于一些较新的购物方式都表现出一定的适应能力。

6. 老年人医疗及照护需求变化

老年人或多或少存在着健康问题,所有的城乡老年人都期望政府和社会提高医疗卫生水平,有更周到的医疗卫生服务。这说明老年人对医疗服务需求提高,对健康养老产业需求量大。

从城乡老年人自报需要照护服务的比例说明,老年人对照护市场需求量较大,照护市场是养老服务的重中之重,未来老年人照护服务仍将是养老产业发展的重要方向,农村老人、80 岁以上的老人更是重点服务对象。

7. 社区老年人群服务需求变化

社区大部分老年人都需要上门看病服务和家政服务,同时希望所居住的社区建立心理服务咨询室。上门看病和家政服务是社区老龄服务的重点;康复护理服务,也占有非常重要的比例,心理服务和健康教育服务,是精神文化服务的两大重要内容。如果重点把上门看病、家政、康复、心理和健康教育等核心服务做好,大部分的老人会生活得更好。日间照料中心是舶来品,也要与中国实际相结合。日间照料服务、助餐服务、助浴服务等只有小部分老人需要,如何去实现,需要政府制定更加有效的方案。

8. 老龄用品的需求变化

《中国老年群体消费需求与养老服务业投资商机研究报告》显示:2020 年,有 85.6%的老年人使用过老龄特色用品,其中城镇为 91.8%,农村为 79.0%。随着人口老龄化的快速发展和人们生活水平的不断提高,未来老年人及其家庭对老龄用品尤其是康复辅具的需求将不断增加和细化,老龄用品业将迎来空前的发展机遇。

9. 精神文化生活需求变化

老年人都很热情地参加各种公益活动,超过一半的城镇老年人参加过公益活动,更有 72.9%的老人愿意帮助有困难的老人。同时,老年人关注电子产品及旅游需求比例大幅度提升。熟练操作网络和智能手机的老年人群体越来越大,这也为老年人电商、智能手机、智能化设备提供了很好的发展机遇。闲暇时间有出游意向的老人近 40%,说明越来越多的老年人希望能够外出旅游,对精神文化生活品质的追求提高。

10. 居住环境适老化需求变化

老年居住环境建设滞后,农村老年人住所不适老问题尤为突出,《中国老年群体报告》显示:58.7%的城乡老年人认为住房存在不适老的问题,在农村老年人中这一比例高达 63.2%。过去,在建筑设计方面,没有为老年人考虑。随着老龄化程度的不断加深,未来适老化住房的改造势在必行。

（三）满足老年需求变化的具体办法

1. 满足老年人的生理需求

(1)满足老年人的消费需求。多数老年人在年轻的时候由于各方面的条件限制无法实现一些消费行为，当不再需要负担养育子女费用且经济条件得到改善后，他们会选择补偿性消费来满足自己过去的生活需求，如衣着、首饰、养生、健康等。所以，家庭、社会要满足老年人的消费需求。

1)构建老年消费环境。商家要构建商品咨询、导购服务、运行较慢的自动扶手电梯和舒适的休息环境；商家对老年消费者要提供热情周到的服务，如为他们详细介绍商品的特点和用途，提供容易携带的包装，必要的时候提供送货上门服务等，但老人要严防消费陷阱(图 2–5)。

图 2–5　老人严防消费陷阱

2)挖掘老年服务市场。老年人服务市场应包括生活服务、教育服务、送温暖服务、保健服务、医疗服务、娱乐服务、旅游服务、咨询服务、送终服务等一系列服务。为老年人服务商品化和市场化，是工业化向前发展的必然结果，也是社会进步的表现。

3）开发老年实用产品。厂商在开发老年用品时，一定要考虑老年人的生理和心理特征，注重其实用性、针对性、方便性和保健性。如在吃的方面，老年人普遍要求食用一些易嚼、易消化且低脂、低糖、低胆固醇的食物；在穿的方面，基本要求是服装大方实用，易穿易脱；在用的方面要求物品轻便、耐用等。

4）制作老年消费广告。针对老年消费者制作的广告，提示为主，以理服人。应该多选择介绍性、提示性和劝说性广告，而避免炫耀性、夸张性和竞争性广告，在广告媒体的选择上，视听广告和报刊广告是两个非常重要的媒体，视听广告（通过电视、电台、电影播放的广告）对老年消费者的影响最大。老年人闲暇时间较多，他们收看电视和收听广播的时间比较长，这就决定了视听广告对他们起作用的时间也比较长。读书看报也是老年人不可缺少的活动之一，好的报刊广告同样非常有吸引力，并且其制作费用要远远低于视听广告。厂商针对银龄市场应该综合考虑，根据不同产品的不同特点，选择不同的广告媒体。

5）探讨老年促销策略。老年人不喜欢孤独，又最容易孤独，他们渴望与人接触，渴望得到社会、家人的尊重和关注。因此在营销的各个环节，都要用"情"字贯穿始终，处处为老人着想。在具体营销促销手段的选择上，要情感营销，以情促销。

(2)满足老年人医疗各方面的服务需求。提供专业的、老人愿意接受的适老化住房改造服务,丰富居家养老、社区养老的重要内容,推动城乡老年人消费行为由生存型向文化休闲型转变;提高强化适老产品的健康性、安全性、便捷性和适宜性,有针对性地为老年人提供医疗、休闲、娱乐、交际等各方面的服务,尽可能营造一个符合老年人送医上门需求的、舒适的、健康的、安全的生活环境。(图 2-6)

图 2-6　满足老年人医疗需求的服务

2. 满足老年人的心理需求

(1)满足老年人自主的心理需要。老年人大都沉着稳重,老练大方,阅历丰富,因此干任何事情都希望有自己的主张,心理上的自信和自主,是老年人的自主需要。家人要尊重采纳老年人的合理建议,顺从也是孝敬。

(2)满足老年人交往的心理需要。多层次的交往是老年人正常的心理需要。老年人为排除生活中的寂寞感,喜欢聚在一起聊天;为了切磋某方面的技艺,爱找有共同爱好的人交流;为了获得更多的信息，丰富自己的知识，老人们也需要广交朋友。家人要关照老年人，多与同龄人散步、下棋、聊天、购物等。

（3）满足老年人受尊敬的心理需要。老年人在从事养花、练书法、打门球、钓鱼等一切活动并取得进步后，晚辈要及时给予肯定、鼓励和恭敬，这样会增添老人对生活的情趣。

（4）满足老年人求助的心理需求。老年人由于身体衰老和健康状况等原因，生活自理能力有不同程度的降低，而产生求助的愿望。晚辈要在老年人生病的时候，自觉帮助他们完成日常生活无法独立完成的活动，使老年人感到心情舒畅。

（5）满足老年人依存的心理需要。老年人对家庭有一种较强烈的依存心理。他们虽然物质生活比较丰富，但仍期望得到家庭成员越来越多的关心、爱护、尊敬和信任。家人要在日常生活中处处关心、体贴老人，家政事务主动征询并尊重老人的意见；老年人丧偶或离婚后，为了避免孤独，希望找个能互相照顾的老伴，社会和家庭成员要给予充分理解和积极支持，这对老年人的身心健康是非常有益的。

六、老年人格的变化及特征

孔子曾多次论述人的个别差异，提出“性相近也，习相远也”（《论语·阳货》）。

人格包括气质、性格与能力。人格中的气质是人生来就具有的心理活动的动力特征，相当于我们日常生活中所说的脾气、秉性。主要表现为个人心理活动过程的速度和灵活性（如知觉的速度、思维的灵活度、注意集中时间的长短等),心理过程的强度(如情绪的强弱、意志努力的程度等),以及心理活动的指向性(倾向于外部事物或倾向于内部体验)。气质与性格、能力等其他个性心理特征相比,更具有稳定性。性格和能力的发生和发展既有生物学的根源,高级神经活动类型上的差异、身高、体重、体型和外貌等生理上的特点,例如有生理缺陷者容易被人讥笑或怜悯,往往易形成内倾的性格。而家庭、社会、教育对性格和能力的形成发展均具有影响。气质是性格和能力形成和发展的物质基础。没有这个物质基础,任何性格和能力都无从产生和发展。气质、性格与能力的一致性构成和谐的人格。

人体四种液体构成了不同的气质类型。公元前5世纪,古希腊医生希波克拉底(Hippocrates)认为人体内有四种液体:生于脑的黏液,生于肝的黄胆汁,生于胃的黑胆汁,生于心脏的血液。这四种液体构成了人们不同的气质。500年后罗马医生盖伦(GalenC.)对此理论进行整理并提出气质这一概念。他们认为某种气质类型的特点表现是因为该种液体在体内占据了优势,如果体内四种液体中,以黄胆汁占优势称为胆汁质;以血液占优势称为多血质;以黏液占优势称为黏液质;以黑胆汁占优势称为抑郁质。

20世纪初,俄国的巴甫洛夫指出高级神经活动有两个基本过程,即兴奋和抑制,它们有三个基本特性,即强度、灵活性、平衡性。强度是指神经细胞及整个神经系统工作的耐力,表现为接受刺激的强弱程度以及神经细胞持久工作的能力;灵活性是指兴奋和抑制相互转化的难易程度,有灵活与不灵活之分;平衡性是指兴奋和抑制两种过程的力量是否均衡，有平衡和不平衡的差异。这三种特性能组合成四种基本高级神经活动类型，即兴奋型、活泼型、安静型和抑制型。

影响老年人人格变化的因素，主要表现在以下三个方面，首先是生理学意义上的衰老因素，其次是心理上历经岁月沧桑的变化，最后是体现在社会文化等因素产生的影响，这其中还包含着两方面的意义，其一是体现在社会对老人产生的疏远，第二个层面是体现在老人退出了社会生活的主体范畴。

（一）老年人人格变化生理特征

1. 老年人人格维度随身体机能衰退而下降

以特质为变量（人格维度）描述老年人人格变化时，是用多种人格特质来表现老年人的差异。每个老人都有某一特质，但各人的程度不同。在特质的维度上，根据量的不同，每个老人都占一定的位置，而全体样本的分配则呈常态曲线，这种归类称为连续类型。老年人随着年龄的增长，感知器官、运动器官、神经系统和大脑在结构上与机能上的逐渐衰退，人格维度也在逐渐下降。

2. 老年人神经质和精神质人格维度与心理健康相互关联

医学心理学研究证明：老年人神经质和精神质人格维度与心理健康呈正相关，说明神经质和精神质人格维度的老年人心理健康水平较低；内外向人格维度与心理健康呈负相关，说明外向性格的老年人心理健康水平较高。神经质人格维度与自责、幻想、退避、合理化应对方式呈正相关，说明高神经质性格的老年人倾向采用自责、幻想、退避、合理化应对方式，精神质人格维度与解决问题和求助的应对方式呈正相关，说明高精神质性格的老年人倾向采用解决问题和求助的应对方式。

（二）老年人人格变化的心理和行为特征

人格中的气质在个体心理发展早期阶段表现明显，虽然也随年龄增长而略有变化，但基本上是相当稳定的。气质贯穿在心理活动和行为方式中，对人的各种实践活动都有一定的影响。性格和能力是后天养成的，可塑性大。人格是在遗传的基础上，在社会实践中得以塑造和发展的。在社会生活中与时代同步、与集体合拍适应良好的人格被视为正常人格。

1. 老年人人格变化的一般心理特征

老年人的人格特征既有稳定的一面，又有变化的一面，但稳定多于变化。老年人人格总体改变的趋向有以下心理特征。

(1)不安全感。不安全感主要表现在身体健康和经济保障两方面。到了老年，身体各系统和器官逐渐发生器质性和机能性变化，经常发生各种疾病，所以他们担心自己的身体健康，对身体功能很敏感。对经济保障的担忧，表现在老年人对生活保障和疾病的医疗保障的担忧。

(2)孤独感。老年人的孤独感较为普遍，且来自各个方面。由权势失落而诱发的孤独，主要发生于离退休的领导人员；群体失落感和信息缺乏是多数离退休者对退休生活的不适应所致；最普遍的是老年人在家庭关系中的失落感，老年人渴望并追求天伦之乐，良好的家庭关系是他们的精神寄托。如果子女由于种种原因，忽略了或忽视了对他们的关心，很少与他们沟通，家庭中的老人就会深深地体验到孤独和苦楚。

（3）适应性差。老年人不容易适应新环境和新情境，他们对周围环境的态度和方式逐渐趋于被动，依恋已有的习惯，较少主动地体验和接受新的生活方式。学习新东西也有困难，对意外事件的应变性也较差。

（4）拘泥刻板性、决断速度减退。老年人倾向于刻板行为。有研究发现，人到 53 岁以后刻板性就逐渐增强，此后各年龄组均呈显著性差异。老年人在解决问题时为了求得谨慎而使决断速度减慢。他们注重准确性，担心闪失，宁愿牺牲速度也要少犯错误。

（5）趋于保守。老年人经验丰富，也注重自己的经验，并希望子女接受自己的经验方式。对由此而引发的矛盾不易理解，从而喋喋不休，爱发牢骚。

（6）回忆往事。老年人的心理世界逐渐表现出由主动向被动，由朝向外部世界转为朝向内部世界。因此很容易回忆往事，遇事情也容易联想到往事。越是高龄，回忆往事趋势越明显。

2. 老年人人格变化的具体行为特征

从总体上讲，老年人处于一个生理和心理老化的时期，但是，心理的老化不一定和生理的老化平行发展，也就是说，其发生的迟早，依个人的心理能力而定。心理老化的标准，不仅是能力问题，还包括人生态度，学习欲望，欣赏、享受满足与愉快的能力，兴趣的广泛性以及人的意志能力等。在衰老的发展方面，个人的生活“动机”特别重要，一个人退休、卸下家务之后，如果不想求仪表、态度、生活方式的更新和追求，就可能较快衰老。许多人心里早衰，并不是他们天赋差，而是他们未能尽量发挥生命的潜能。这个对老年人具有挑战性的问题，比较明显地反映在“老年人格”的六种类型上。

(1)自主型。这类老人对自己的一生有清晰而客观的认识，有智慧，富有创造力和生命活力，生活充满朝气，很愿为社会公益服务，或继续从事一些有技术的劳动。理解自己与晚辈的关系，不苛求别人。心理上能自我适应，不依赖别人，并以积极乐观的态度对待问题与困难。兴趣广泛，对未来并不感到苦恼，虽然与家庭环境不尽协调，但主观感受积极丰富，不怨天尤人。但这类老人为数并不多。

(2)安乐型。没有过多的个人追求，对家庭和环境的要求也不高，只求生活的清闲和安适，在日常生活中显得悠然自得。但实际上，家庭环境是这种人的庇护所，把自己的生活寄托在别人身上，在物质上，特别是在精神上依靠别人的援助。如果家庭气氛比较协调，他们可以生活得很好。但这类老人没有强烈的个人兴趣，不欢喜工作，胸无大志，满足于现状。

(3)操劳型。对闲暇持否定的看法，用不停的工作来抑制自己对衰老的担忧。他们不轻易放弃对家庭生计的主持，希望掌管家庭大权，为家庭的各种事务操劳奔忙，对子女仍然保持着较强的控制欲。希望用自己的献身劳作换得人间温暖。但他们辛苦付出如果得不到感情的回报，就会变得嫉妒和不满。

（4）愤恨型。往往有不如意的生活经历，或者过去顺利，到了老年受到了承受不了的挫折，所以怨恨自己未达到人生目标。这种自我不满继而转换成对亲人、眷属的敌意和苛求。对人要求较多，好指责、埋怨别人；对人存有偏听，好追忆过去，个人又缺乏独立的个性，对未来表现得消极、抑郁。常表现得执拗、固执、自我拒绝。

（5）讨好型。“生而为人，我很抱歉。”现实中，这句话常出自老年人之口。一些老年人对世界充满歉意，对生活充满歉意，对家庭充满歉意，不断讨好着他人，害怕与别人发生冲突，对别人的情绪特别敏感，习惯于自我反省，习惯于听别人指使，习惯于压抑自己的情绪，习惯于压抑自己的需求，习惯于讨好别人。

（6）自暴自弃型。自暴自弃是愤恨的另一种表现。这部分老年人常把不满、愤懑压在心底，常责备自己的无能与不幸，对一切事物都兴趣索然，消极悲观。在行为上极端退缩，深居简出，拒绝与人交往，整天形影相吊，孤独孑然。这类人一旦有了疾病或失去生活自理能力，更容易轻易了此一生，走上绝路。

在老人社会中，前三种类型，可以说是以不同的方式寻找晚年的生活适应，能在各自选择的生活中得到欢乐的满足，而后三种是不适应晚年生活的老年人格，实质上是软弱的老年人格，这三种人格类型的老人衰老异常迅速，更容易出现老年人的精神障碍。社会和家人应从各方面为这三种人格类型的老人提供心理帮助和公益服务。

（三）改善人格老化的具体方法

不同的人格类型对老年人的身心健康有不同的影响。任何一种人格类型都有发展成不良心理的可能性，老年人必须学会分析和认识自己人格特征中的长处和短处，善于驾驭气质，培养性格、发展能力。如能控制人格上的消极方面，发展积极的方面就有利于形成良好的心理素质。以下分享改善人格老化的具体方法。

1. 学会养生

(1)动得快活，筋骨永不老。生命在于运动。老年人经常运动可以延缓大脑衰退，提高心肺功能，延缓骨质疏松，延缓慢性疾病，增强免疫功能，提高心理健康，多运动可以调整积极情绪，消除精神压力，适应人际关系。心理适应就是对人际关系的适应，通过运动提升身心素质，促使人格健全。老年人要选择一两项适合自己的运动项目，可以激发身体活力，延缓衰老，有助于增强体质，提高免疫力，锻炼时筋骨同练，使筋骨变得更加坚韧。五六十岁的老年人，可以选择做操、打球、跳舞、游泳、骑车、打太极拳等运动量稍大的运动项目，运动量以微汗为佳；七八十岁的老年人，可以选择散步、走楼梯等运动项目，以下午三四点散步半小时为佳，运动量以轻松、愉快为宜。也可在家进行甩臂、抬腿的运动。（图 2-7）

(2)吃出均衡，机能永不老。老年人的消化功能逐渐减弱，要想办法营养均衡。每天饮食做到三个一：早上吃一个鸡蛋，晚上喝一杯牛奶，每天吃一个苹果。一日三餐多吃素，少吃肉，不要太油

图 2-7　老年人健康运动示意图

腻，不要口味重；炖菜要软烂，五谷当饭吃；饭量七分饱，午休后加餐（图 2-8，2-9）。

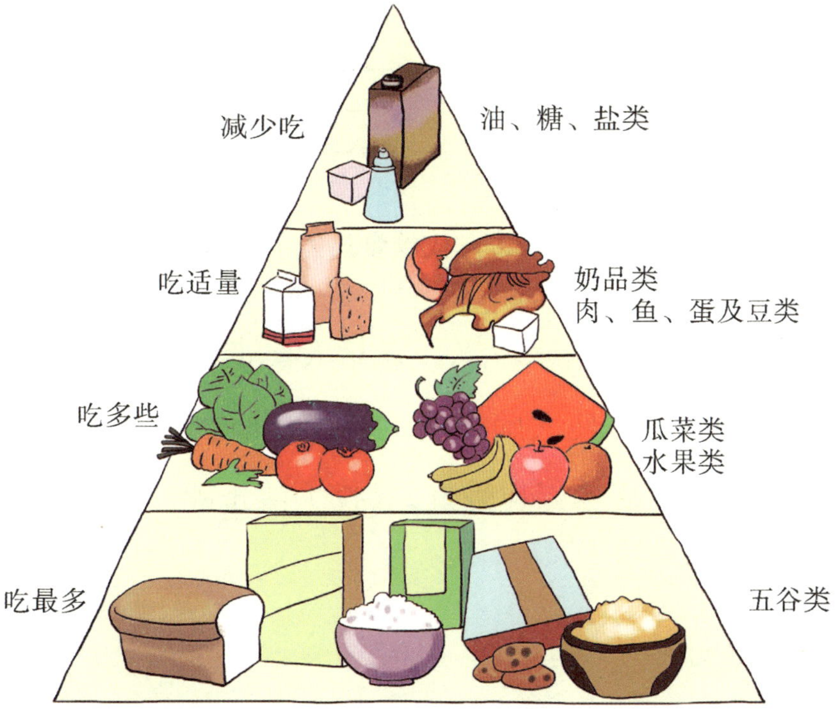

图 2-8　老年人健康饮食金字塔示意图

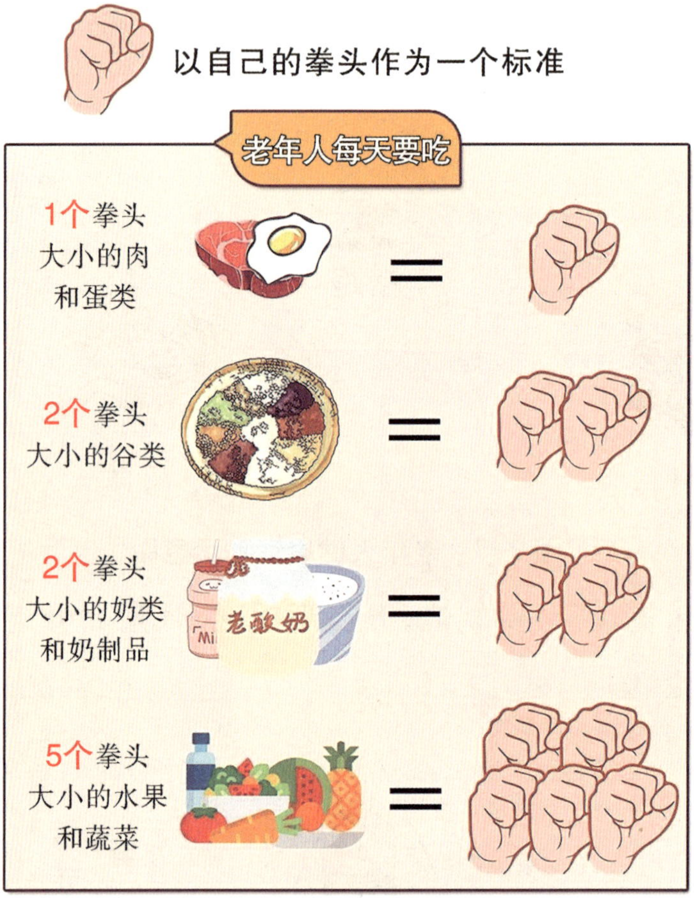

图 2-9　老年人饮食均衡示意图

(3)主动交流,心情永不老。老年人要走出家门,参加社会活动,主动与人聊天,促使大脑积极运转,心情也会更好,防止抑郁,有助于延年益寿。培养兴趣爱好,寻找生活乐趣。参加社区服务,提升自我价值感。

2. 行为良好

老年人行为健康的标准是能适应老年的生活环境,与生活环境建立和谐的关系,表现在:有浓厚的个人生活兴趣,不懒散地打发时光;保持一定的经济独立的可能性;能与各种年龄的人保持良好的接触,与家人和睦的关系,子女间的矛盾,老人不能偏袒一方,因为孩子们以后还得一起生活,要孝敬长辈,所以尊重是相互之间的事,不能仗着自己是长辈,伤害孩子,作为长辈,孩子们吵架可以去管,但是要有分寸,晚辈吵架应以引导为主;在家庭管理或事业中,把职权委托给他人,多给家庭和社会干一些有意义的工作,使自己可以寻找老人力所能及的兴趣,并为自己安排一个舒适的家庭生活,专心致志享受目前的生活。相反,不良行为方式的特征是:对现在的处境充满不悦,对事情不容忍,沉溺于过去的成就和欢乐,讲述过去津津乐道,对目前的生活缺乏兴趣。一般来说,年轻时性情温和、行为方式良好、没有过高欲望的人,老年期就过得好一些。而年轻时一无追求、无所事事、生活懒散的人,年老之后更容易变得懒散、忧虑、六神无主。所以,老年人应一直有一点事做,但不宜忙碌,一般以过得舒心为宜,从忙碌中获得满足,觉得自己有用,同时可以摆脱老人的寂寞感。

3. 情绪积极

老年人虽然已脱离了竞争紧张的职业社会,生活节奏也相对变缓慢了,但是,若对环境不能适应,在情绪上反而会更紧张。具体表现为:神经过敏、多疑心、爱唱反调、脾气暴躁,甚至有儿童期的激动和任性。另外许多老年人则表现为对人的冷淡,不愿意对人、对事物表现出正面的热情,相反敌对情绪却表现得异常强烈。常常容易激动、争吵、产生偏见。恐惧、忧虑、失望、错觉等消极情绪,也比愉快积极的情绪多。由于丧偶、疾病等原因,使他们精神和肉体变得虚弱,情绪也会长期滞留在焦虑和抑郁之中。老人健康的情绪需要个人积极地培养,同时也需要家属为之提供良好的情绪气氛。保持与家人、朋友的感情交流是至关重要的,许多老人情绪沮丧是由于情绪交流受阻,情感交流需要周围的人多与他们交流生活感受,启发他们把内心的喜怒哀乐倾吐出来。另外,积极地开导,提供新鲜的生活环境,如外出散步、唱歌跳舞、探亲访友、上门拜访,都可以松懈老人焦虑抑郁的不良情绪。

4. 适宜环境

防止老年人人格老化,还取决于周围人对老人的态度。如果老人在家族、晚辈、亲朋中受到尊重,承认他的地位、经验、学识,就会强化他的人格活力,否则人格退化就会加剧。所以,社会要营造"孝治天下,孝敬父母,尊重老人"的良好氛围。

同时,为了使晚年快乐,老年人必须在任何情况下,接受自己以及自己的生活状况。最关键的是喜欢自己,尽量设法满足自己的生活方式,避免嫉恨别人。对环境和他人不要提出不合实际的非分要求。否则,注定不会得到快乐。快乐的核心,实际上就是自我满足。快乐的客观条件包括:健康,生活和经济上的安定,受亲属、社会的欢迎,有防止寂寞的生活安排等。老年人为了达到快乐的生活目的,在体力和健康允许的条件下,要尽情地参加各种活动,通过活动增加与社会的接触,尽可能地为社会提供服务,这样,会觉得活着仍然有用,同时机体的活动也带来心理的舒适和稳定。

要尽量培养活泼、进取、开朗的生活态度，就能在平凡、稳定的生活中创造追求的源泉，谱写快乐的人生。

小结

老年期一般指 60 岁以上的时期。老年人除了生理上的正常衰老，心理上也发生着巨大的变化。老年人由于衰老的影响及外界环境的改变，在思想、情绪、生活习惯和人际关系等方面，往往不能迅速适应而产生不同程度的种种心理变化。但不同年龄段，其心理变化有着不同的规律特点。调查研究显示，老年期心理变化的主要特点表现如下：

（1）身心变化不同步。生理和心理既相互联系，又有区别。生理变化主要由生物学自然法则所决定，而心理变化却复杂得多，并主要受社会文化影响。随着老年期的到来，生理机能逐渐衰退，但并非必然导致心理状态也走向紊乱和衰退。事实上，不少人高龄后仍有建树，取得"第二个黄金时代"的辉煌成绩。

（2）心理发展仍具潜能和可塑性。老年期所面临的人生大事很多，如离退休、工作与地位的失落、丧偶、亲朋好友去世等问题，这就必然存在着适应的过程。这种适应需要心理潜能，更要求较大的可塑性。社会地位的更迭、生活方式的改变、疾病的困扰、经济状况的改变、人生的回顾与安排等，对这些问题的良好适应本身就意味着心理发展。

(3)心理变化体现出获得和丧失的统一。获得与丧失在人生的任何时期均可产生,如健康老人随增龄晶态智力呈现稳定或增长趋势,而液态智力则出现减退,便体现了这种统一。老年期的心理发展会因增龄受到许多制约,但健康老人一般都能有选择性地发展替代和优化能力,来补偿下降能力,适应新的生活。

(4)心理变化存在较大个体差异。由于受遗传、周围环境和个体遭遇的影响,老年人的心理变化必然会存在较大差异。

第三篇　老年心理健康优化

学习目标

1. 熟悉老年心理健康标准。
2. 掌握培养老年心理健康的方法。
3. 了解老年心理健康的意义。

// 案例导入

刘大妈56岁了，初中文化程度，退休前是商店营业员。刘大妈患乙肝已经有两年，到处求医，看过西医和中医，吃过各类药物，但都无济于事，病情始终未见好转。刘大妈开始怀疑自己已经转为肝癌，死亡步步逼近，整天提心吊胆，惶惶不可终日。晚上也经常梦见两年前因病去世的老伴，情绪烦躁不安，经常怨天尤人，而且经常无缘无故发脾气。

// 案例分析

刘大妈患上了典型的“死亡恐惧症”,这是一种常见的老年人心理不健康现象,即心理障碍。人近黄昏容易想到死亡。许多老年人照镜子,发现自己满头白发,满脸皱纹,老态龙钟,便仰天长叹自己不中用了,濒临死亡感日趋严重。老年人群经常遭遇老伴或亲朋好友去世,非常容易触景生情,特别是年老父母的去世,更令人产生“下一个该轮到我了”之感。更多的是老年人身患重病,久治不愈,容易一蹶不振,想到死亡。老年人对待死亡有不同的态度。有些老年人清楚地意识到死亡迫近,能够从容不迫面对死亡,向医生询问究竟还有多久,据此做好计划来安排自己的后事;有些老年人认为应该为死亡的降临而祈祷;也有些老年人将死亡视为解脱,产生“我累了,我该休息了”的感觉,因而能平静地面对死亡。

// 心理提示

老年人不考虑死亡问题是不可能的,但要正确认识和科学地对待这个问题。

1. 老年人要正确认识到死亡是自然规律,要明白地球上的一切生物无不遵循这个自然规律。因此只有正确地面对死亡,顺其自然,晚年生活才会活得愉快而有意义。

2. 从恐惧心理中解脱出来,认识到人从自然来,最终还得回归大自然,这是自然规律。死亡是自然规律,那就应该泰然处之,不应有任何恐惧心理。一个人不管成就大小、财富多少,都无法抗拒死亡。每个人都有自己的理想,为之奋斗过,无论成败,事情都已过去,只要自认为度过了有意义的一生,就能坦然地面对死亡,比较容易接受死亡,就不易产生恐惧心理。

3. 愉快地活好每一天。老年人在平常生活中要高度重视心理、运动、饮食三方面,尤其是心理因素非常重要。在现实生活中我们看到,长寿老人都是心情愉快,想得开放得下,胸襟博大,乐观开朗,善于调节情绪,以顽强的毅力乐观的精神闯过每一个难关,知足、满足、愉快地度过晚年的。

老年人一定要学会科学地对待死亡这个问题,它不是自己所能决定的。我们能做的就是开心地过好每一天!

疫情常态下的老年人心理问题逐渐增多,老年期心理及精神障碍的患病率呈明显上升趋势,心理问题现已成为严重影响老年人健康和生活质量的主要疾病之一,关注老年人心理健康已成为社会各界需要关注的大事。为了使老年人的身心"春棠经雨放,秋菊傲霜开",达到"微云淡河汉,疏雨滴梧桐"和"寿比南山不老松,福如东海长流水"之效,以下分享老年心理健康优化相关知识。

一、心理健康的基本理论

"风雨夕阳后,景色尤更娇。"面对衰老,以及权力和能力的丧失,老年人不再心静如水,心理疾患随之出现,为了使老年人活得轻松快乐,心理健康优化至关重要。

（一）健康的概念

健康是指“不仅是没有疾病，而且包括躯体健康、心理健康、社会适应良好和道德健康”。

传统的健康观认为“健康就是无病、无伤、无残”。表现在日常生活中，即人们只注重锻炼身体，忽视心理卫生的保健。

《辞海》对健康的解释可概括为：人体各器官系统发育良好、功能正常、体格健壮、精力充沛，并具有良好劳动效能的状态。

1. 新的健康观

随着社会的发展以及人类自身认识的深化，那种认为只要身体没有疾病、生理机能正常就是健康的观念正在被一种“立体健康观”所替代，即健康应由心理尺度、医学尺度和社会尺度来评价，健康的概念已从传统的生物医学模式走向生理-心理-社会模式。

1948 年，联合国世界卫生组织（WHO）成立时，在其宪章中开宗明义地指出：“健康不仅仅是没有疾病，而且是身体上、心理上和社会适应方面的完好状态或完全安宁。”1990 年，WHO 对健康给出了新的定义：“健康不仅是没有疾病，而且包括躯体健康、心理健康、社会适应良好和道德健康。”

由此可知，健康不仅仅是指躯体健康，还包括心理健康、社会适应、道德品质，是几个方面相互依存、相互促进、有机结合的和谐统一状态（图 3-1）。心理健康、社会适应、道德品质就是精神健康的范畴。因此，健康是生理健康与心理健康的统一，二者是相互联

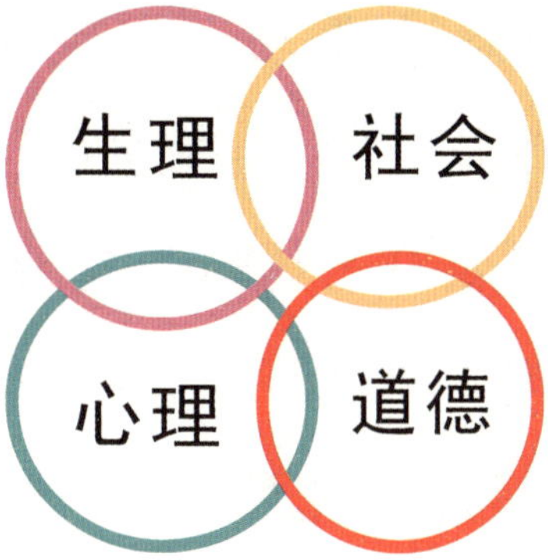

图 3-1　新健康观示意图

系，密不可分的。当人的生理产生疾病时，其心理也必然受到影响，会产生情绪低落、烦躁不安、容易发怒，从而导致心理不适；同样，长期心情抑郁、精神负担重、焦虑的人也易产生身体不适。因此，健全的心理与健康的身体是相互依赖相互促进的。

2. 健康的基石

我国健康专家洪韶光教授曾提出健康四大基石：第一，合理膳食；第二，适量运动；第三，戒烟限酒；第四，心理平衡。

(1)合理膳食。合理膳食是指一日三餐所提供的营养必须满足人体的生长、发育和各种生理、体力活动的需要。

成年人每日的食谱应包括四类食物：一类为奶类，如牛奶、奶酪，含有钙质、蛋白质，可以强健骨骼和牙齿，每日饮 250~500 毫升牛奶为宜；二类为肉蛋类，包括各种肉类、家禽、水产类及蛋，含有蛋白质，促进人体新陈代谢，增强抵抗力，每日 4~6 两为宜；三类为蔬菜、水果类，含有丰富的维生素、矿物质和纤维素，增强人体抵抗力，畅通肠胃，每日最少要吃 1 斤新鲜蔬菜及水果；四类为五谷类，如米、面，含有淀粉物质，主要供应人体的能量，满足日常活动所需，每日 5~8 两为宜。

(2)适量运动。生命需要运动，最佳有氧代谢运动是步行，每天步行三公里，三十分钟以上，每周运动五次；运动的强度以运动后“心率+年龄=170 左右”为宜，这相当于一般人中等强度的运动。运动不必在乎其形式，重要的是量力而行，循序渐进，持之以恒，终生相伴。

(3)戒烟限酒。烟草中的有害成分不仅使人成瘾，而且严重危害人的健康，任何年龄的人戒烟都可获得健康上的真正收益。酒是一把双刃剑，适量饮酒有益于健康，而过量饮酒则是健康的杀手。酒精对人体的长期刺激可以损害人的神经、肝脏、心血管系统。

(4)心理平衡。健康四大基石中，心理平衡最重要。保持心理平衡要做到三个乐：一心助人为乐、事事知足长乐、常常自得其乐。三个正确：正确对待自己、正确对待他人、正确对待社会。三个既要：既要尽心尽意奉献社会，又要尽情品味美好人生；既要在事业上有颗进取心，又要在生活中有颗平常心；既要精益求精于分内工作，又要有多姿多彩业余生活。只有这样才能少得病、不得病，延年益寿(图 3-2)。

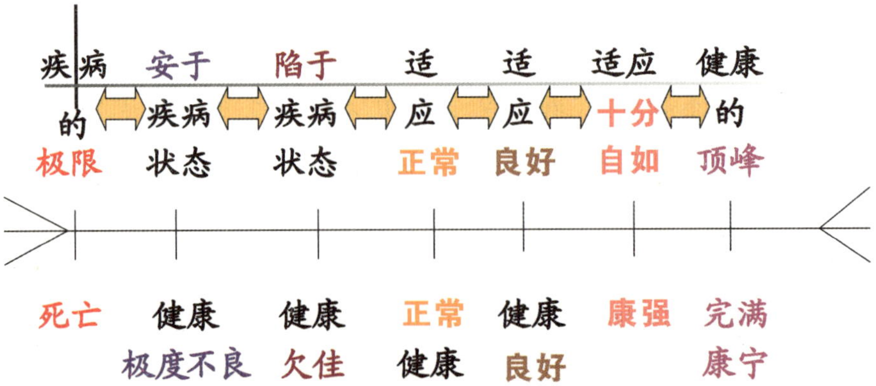

图 3-2 健康—疾病的连续过程

戴尔·卡耐基(Dale Carngie)认为,一个人事业上的成功,只有15%是由于他们的学识和专业技术,而85%是靠良好的心理素质和善于处理人际关系。重视心理健康已成为当今世界的大趋势。

(二)心理健康的概念

心理健康是指以积极的、有效的心理活动,平稳的、正常的心理状态,对当前和发展着的社会、自然环境以及自我内环境的变化具有良好的适应功能,并由此不断地发展健全的人格,提高生活质量,保持旺盛的精力和愉快的情绪。

人的心理健康是一种持续的、积极的心理状态。个体在这种状态下,能够与环境有良好的适应,其生命具有活力,能充分发挥其身心潜能,就可被视为心理健康。据此,人的心理健康水平大体可分为三个等级:一是一般常态心理,表现为心情经常愉快,适应能力强,善于与别人相处,能较好地完成与同龄人发展水平相适应的活动,具有调节情绪的能力;二是轻度失调心理,表现出不具有同龄人所应有的愉快,与他人相处略感困难,生活自理能力较差,经主动调节或通过专业人员帮助后可恢复常态;三是严重病态心理,表现为严重的适应失调,不能维持正常生活和工作,如不及时治疗可恶化成为精神病患者。

（三）心理健康与疾病的关系

1. 情绪与疾病的关系

中国古代医学强调七情(喜、怒、忧、思、悲、恐、惊)失调导致疾病,《素问·阴阳应象大论》写道:“怒伤肝,喜伤心,思伤脾,忧伤肺,恐伤肾。”就是指由于七情失调,从而引起阴阳失衡,气血不和,经络阻塞,脏腑功能失常而患病(图3-3)。

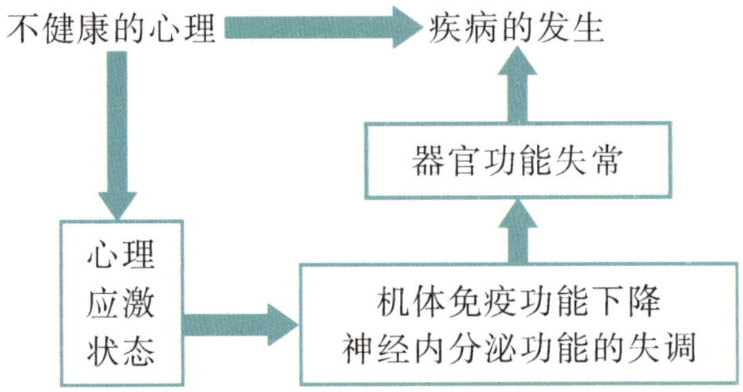

图3-3 心理健康与疾病的关系

(1)积极的情绪与疾病的关系。积极乐观的情绪可促进疾病的痊愈,积极的情绪对人体的健康起良好的作用,可以使有机体的能源动员起来,同时,积极的情绪能提高人的脑力活动效率和耐久力,使人体内各器官系统的活动处于高水平的协调一致。

(2)消极情绪与疾病的关系。①消极情绪会造成机体疾病的易感性。从情绪因素引起的一系列生理变化来看,情绪活动在相当大的程度上决定着人体的新陈代谢过程和全身各器官系统的功能状态,成为维持人体身心健康的一个关键性要素。②消极情绪可以加速疾病的恶化。消极情绪经常反复出现,会引起长期的、过度的神经紧张，加速疾病的发展。临床上常见的心肌梗死、消化性溃疡、脑血管意外等疾病，都可因情绪过度紧张而促发。这些症状成为情绪紧张的诱因，而情绪变化则进一步加重原有的症状，从而形成恶性循环，使疾病恶化，甚至使患者死亡。

2. 性格与疾病的关系

性格是一个人对现实稳定的态度和与之相适应的习惯化了的行为方式的总和。医学研究发现，从胃溃疡、支气管哮喘到阿尔茨海默症，各种疾病都与性格特征存在着千丝万缕的联系。急躁好胜的A型性格的人往往雄心大、闲不住，易患心血管疾病、消化道溃疡等。遇事想得开的B型性格的老年人容易相处，不易激动，社交适应性较好，不耿耿于怀，大都会长寿。忍气吞声的C型性格的人，与人过分合作、过分忍耐、过分焦虑，回避矛盾，忍气吞声，逆来顺受，患癌症的危险性比一般人高3倍。孤僻寡言的D型性格的人，沉默寡言，待人冷淡；缺乏自信，有不安全感；性格孤僻，爱独处，不合群；情感消极，忧伤，容易烦躁不安，易患心脏病、肿瘤和老年痴呆。感情丰富、善于思索、很少攻击性的E型性格的人，很少找别人的麻烦，情绪较为消极，自我评价偏于悲观，易患有心悸、头晕、头痛、失眠等症状的神经质型焦虑症。

3. 各类型性格调整情绪的方法

A型性格者往往在事业上多有所成，如能注意调整身心，就能减少患病危险。A型性格的人首先是调适期望，实事求是估量自己，尊重别人，多听别人意见，并以之修正奋斗目标；其次，注意劳逸结合，防备疲劳过度；再次，善与人处，少挑剔，戒急躁，多关心别人，建立良好人际关系。B型性格的人应多参加集体活动；培养事业心，积极进取；多参加有竞技内容的活动。C型性格的人首先应多交朋友，开阔心境，遇事及时向朋友倾吐，多参加集体性文体活动等；其次，关心自己的同时也关心别人，在别人感到你有用时，你就会体味自身价值，增强信心；再次，要学会认识自己的长处和短处，要克服回避矛盾和过分忍耐的缺点。D型性格的人改变离群独处的习惯；多参加社会活动；多交朋友，培养兴趣爱好；学会向他人倾诉。家人的关爱，有助于打开D型性格人的心扉，使他们能够随时排解和释放内心中的恶劣情绪。E型性格的人应提高对心理健康的认识，提升自己情商，增加自信心，逐步学会心情开朗和自得其乐。可以每天记录使自己情绪消极和忧伤的事例，逐渐做到自我控制，逐渐减少记录的内容。只要有一次成功，就要自我奖励一次。

总而言之，心理健康是身体健康的前提，没有健康的心理则易导致各种疾病。压抑情绪容易生癌，急性子易患高血压和心脏病，良好的情绪可以预防疾病。

（四）心理健康的原则

（1）心理活动与客观环境的同一性。任何正常的心理活动和行为，无论其形式和内容都应与客观环境（自然环境与社会环境，尤其是社会环境）保持一致，即同一性。

(2)心理过程的完整性和协调性。人的心理活动中认识、情感、意志三个过程的内容完整、协调一致,是确保个体具有良好的社会功能和有效地进行活动的心理学基础。

(3)个性心理特征的相对稳定性。个性心理形成后在没有重大外部环境影响下,具有相对稳定性,并在一切活动中显示区别于他人的独特性,一般不易发生改变。

二、老年心理健康的标准

(一)健康的标准

1. 健康的十条标准

1948 年,WHO 提出了健康的十条标准:

(1)精力充沛。有充沛精力,能从容不迫应付日常生活和工作压力而不感到过分紧张。

(2)态度积极。乐于承担责任,不论事情大小都不挑剔。

(3)善于休息。劳逸结合,睡眠良好。

(4)善于应变。能适应外界环境的各种变化,应变能力强。

(5)抵抗力强。能够抵抗一般性的感冒和传染病。

(6)身体协调。体重得当,身体均匀,站立时头、肩、臂的位置协调。

(7)反应力强。反应敏锐,眼睛明亮,眼睑不发炎。

(8)牙齿健康。牙齿清洁无空洞,无痛感,无出血现象,牙龈颜色正常。

(9)发泽光亮。头发有光泽、无头皮屑。

(10)弹性肤。肌肉和皮肤富有弹性,走路轻松匀称。

2. 健康的八条标准

1999年,WHO提出了身体健康的“五快”和心理健康的“三良”。

(1)身体健康的“五快”。①食得快。能快速吃饭而不挑剔,有很好的胃口,证明内脏功能正常。②便得快。排便轻松自如,证明胃肠功能良好。③睡得快。上床能很快入睡,且睡得深,醒后精神饱满,证明中枢神经系统功能正常,且无内脏病理信息。④说得快。说话流利,思维敏捷,中气充足,心肺功能正常。⑤走得快。行动自如,转体敏捷,证明精力充沛、旺盛,无衰老症状。

(2)心理健康的“三良”。①良好的个性。性格温和,意志坚强,胸怀坦荡,感情丰富,心境达观,不为烦恼、痛苦伤感所左右。②良好的处世能力。沉浮自如,看问题客观现实,具有自我控制能力,应对复杂的社会环境,对事物的变迁保持良好的情绪,待人接物合情合理。③良好的人际关系。待人接物大度和善,不斤斤计较,能与人为善、助人为乐。

平衡或和谐状态就是健康的最佳状态,但最佳状态只是理想状态,机体只能通过不断的调节来维持这种平衡,最重要的是能自稳调节。如果不能自稳调节,就不算健康状态了。需要通过现代养生调理恢复平衡的是亚健康状态;必须通过药物或手术扶持(治疗)的就是疾病了。

（二）心理健康的标准

心理健康标准是一个综合生理、心理、伦理、社会诸方面进行考查的标准。

1. WHO 的心理健康标准

1946 年 WHO 提出的心理健康标准是：①身体、智力以及情感十分调和；②适应环境；③有幸福感；④在工作中能发挥自己的能力，过着有效率的生活。

2. 马斯洛的心理健康标准

美国心理学家马斯洛提出了心理健康的十条标准：①有充分的自我安全感；②能充分了解自己，能恰当地评价自己的能力；③能与周围环境保持良好的接触；④生活的理想切合实际；⑤能保持自身人格的完整与和谐；⑥善于从经验中学习；⑦能保持适当和良好的人际关系；⑧能适度地表达和控制自己的情绪；⑨能在不违背团体要求的前提下，有限度地发挥个性；⑩能在不违背社会规范的前提下，适度满足个人的基本需求。

3. 国内学者的心理健康标准

国内学者提出的心理健康标准为：①智力正常。智力是人的一切心理活动的最基本的心理前提，心理健康的人能在工作中保持好奇心、求知欲，并能充分发挥自己的智慧学习知识，掌握技能，解决问题，获得成就。②了解自我、接纳自我。能体验自我存在的价值，能对自己的优缺点做恰当的评价，不苛求自己，生活的目标和理想切合实际，对自己基本感到满意，很少自责、自怨、自卑、自我否定，心理相对平衡。③能够协调、控制情绪。心境良好，心理健康的人，愉快、乐观、开朗、满意等情绪状态占优势，虽然也免不了因挫折和不幸产生悲、忧、愁、怒等消极情绪体验，但不会长期处于消极情绪状态中，善于适度地表达、调节和控制自己的情绪，在社会交往中，既不妄自尊大也不退缩畏惧，争取在社会规范允许的范围内满足自己的各种需求，心境积极乐观。④和谐的人际关系。乐意与人交往，与人为善，对他人充满理解、同情、尊重、关心和帮助，有良好而稳定的人际关系，并能在其中分享快乐，分担痛苦，社会支持系统强而有力。⑤独立、自主、有责任心。对周围的人和事均有独立自主的见解，不盲从，热爱并专注于自己的工作、学习、事业，有强烈的责任心，并能在负责的工作中体验生活的充实和自己存在的价值。⑥有良好的环境适应能力。能正确地认识环境和处理个人与环境的关系，能保持与环境的良好接触，善于将自己融入不同的环境中，从而最大限度使自己的心理需要与社会协调统一，实现自己的人生理想。

心理健康的标准不像生理健康标准那样具体、精确和绝对，心理健康与否、正常与否的界限是相对的，上述心理健康的标准仅仅反映了个体良好地适应社会生活所应有的心理状态的一般要求，而不是最高境界。心理健康是较长一段时间持续的心理状态，一个人偶尔出现的一些不健康的心理行为并不意味这个人就一定是心理不健康。而且心理健康状态并非固定不变，而是不断变化的，既可以从不健康转变为健康，也可以从健康转变为不健康。应从相对性、整体协调性和发展性三个方面正确把握心理健康的标准。人的一生会遇到各种各样的问题，心理危机与心理困难也都是在发展的大背景下产生的。

（三）老年心理健康的标准

随着现代医学模式的确立，心理健康成为生理-心理-社会医学模式下健康概念重要组成部分，也是老年人生活质量评价和健康测评不可或缺的主要内容。老年人拥有一个健康的心理非常重要，因为拥有好的心理素质才能增强身体素质，提高免疫力。老年心理健康，就是老年人能够自主处理事情，生活充实，没有孤立，烦躁，郁郁寡欢，冷漠等情绪性格，友善地对待身边每一个人，愉快度过晚年生活。

1. 智力正常

智力正常、能适应生活，具有一般的生活能力，思路清楚是老年人生活最基本的心理条件，是老年人正常生活、处理家务、适应周围环境最需要的心理保证。老年人智力正常主要表现为：思维力、想象力、观察力、注意力、记忆力等智力要素正常；有强烈的求生欲望；能保证一定的办事效率，无心理障碍。

2. 情绪健康

情绪是人对客观事物的态度体验，是人的需要得到满足与否的反映。情绪愉快而稳定，这表示一个人身心活动和谐，中枢神经系统处于相对平稳状态。情绪健康的标准是情绪稳定和心情愉快，这是老年人心理健康的主要标准。老年人健康情绪主要表现为:积极情绪多于消极情绪;肯定情绪多于否定情绪;情绪较稳定,善于控制与调节自己的情绪;情绪反应与环境相适应,反应的强度与情境相符合;思维能保持清醒而不混乱。对人、对事既不过分激动,又不过分冷漠。心理健康的老年人能经常保持愉快、乐观、开朗且又稳定的情绪,并能适度宣泄不愉快的情绪,能通过正确评价自身及客观事物从而较快稳定情绪。老年人要能适度地表达与控制自己的情绪。

3. 意志健全

意志是指自觉确立某种目的并根据目的来支配和调节自己的行动,克服困难达到目的的心理过程。意志健全的老年人的主要表现是:在各种活动中对自己的活动有正确的认识,能自觉确立一定的目的,对自己的行动能当机立断,不因失败而气馁,不因胜利而骄傲;能在行动中控制情绪和言行,善于克服盲目和消极;善于促进自己去执行已经做出的决定。

4. 人格完整

人格完整是指构成人格要素的气质、能力、性格和理想、信念、世界观等方面的平衡发展。老年人要保持个性的完整与和谐,人格完整的一般表现为:人格结构的各要素完整统一;具有正确的自我意识,不产生自我同一性混乱;以积极进取的人生观作为人格的核心,并以此为中心把自己的需要、目标和行动统一起来。

5. 良好认知功能

认知功能决定了老年人的社会功能和生活质量，是老年期最为重要的健康标准之一。老年人认知功能正常表现为：感知觉、定向力（即对时间、地点、人物以及自身状态的认识能力）正常；记忆力正常，除良性遗忘（对事件的某些细节准确回忆存在困难）外，不出现明显的记忆损害；思维逻辑清晰，做事果断，具有准确的判断力及决策能力；具备一般的生活能力和社会常识，并能及时更新保持平和的心态。

6. 自我意识明确

老年人要正确充分地了解自己。正确的自我意识是老年人心理健康的重要条件，是老年人良好人格的重要体现。老年人正确的自我意识主要体现在：自我观察良好，对自己的能力、性格、缺点能做出较恰当的评价，对自己的认识比较接近客观实际；自尊心、自信心适度，既不妄自尊大，也不妄自菲薄，善于“自我接纳”；有良好的自省自检能力，能正确认识和处理个人与环境的关系，能正确审视和检查自己的言行，能及时修正自己的需要和欲望。

7. 人际关系和谐

能正确处理人与人的关系，是老年心理健康的一个重要方面。良好而深厚的人际关系，是老年生活幸福的前提。老年人要保持良好的人际关系，表现在：乐于与人交往，既有广泛而深厚的人际关系，又有知心朋友；在交往中保持独立而完整的人格，有自知之明，不卑不亢；能客观评价别人和自己，善取人之长补己之短，宽以待人，乐于助人，积极的交往态度多于消极态度，交往动机端正。

8. 能够充分发挥兴趣爱好

老年人要有限度地发挥自己的才能与兴趣爱好。离退休老人首先面临的是极度的空虚感。离开了熟悉的工作，熟悉的集体，没什么事可做，会感到空荡荡的。这时就必须立刻寻找精神寄托，做自己爱好的事，使自己过得有充实感，如写作、练书法、绘画、烹调、摄影、旅游、养花、养鸟、下棋、跳舞、钓鱼、扭秧歌、学唱歌、照顾孙辈等，从而使自己的晚年生活丰富多彩，就不会感到空虚了。

9. 有良好适应能力

老年人要有良好适应能力，生活目标要切合实际，适应退休后的生活。退休后的老年人有充裕的时间去构建新生活，把生活安排得丰富多彩，不至于空虚无聊。比如老年活动中心、老年文化活动站以及老年大学等就为老年人与外界环境接触提供了平台。此外，电视广播、网络也为老年人提供了更新知识的机会。所以，老年人应坚持学习，以适应社会的发展，适应新的生活方式。

10. 心理行为符合老年人的年龄特征

老年人是处于特定年龄阶段的特殊群体，老年人应具有与年龄、角色相适应的心理行为特征。老年人的思想和行为要统一，心理行为符合生理年龄。老年人心理健康的标准应重视以下几个方面：

(1)标准的相对性。事实上，老年人心理健康与不健康并无明显界限，而是一个连续化的过程，如将正常比作白色，将不正常比作黑色，那么在白色与黑色之间存在着一个巨大的缓冲区域——

灰色区,世间大多数人都散落在这一区域内。这说明,对多数老年人而言,在人生的发展过程中面临心理问题是正常的,不必大惊小怪,应积极加以矫正。与此同时,个体灰色区域也是存在的,老年人应提高自我保健意识,及时进行自我调整。人的健康状态的活动是一个发展的问题,当一个人产生了某种心理障碍并不意味着永远保持或行将加重。在心理上形成心理冲突是非常正常的,而且是可以自行解决的。

(2)整体协调性。把握心理健康的标准,应以心理活动为本考察其内外关系的整体协调性。从心理过程看,健康的人的心理活动是一个完整统一的协调体,这种整体协调保证了个体在反映客观世界的过程中的高度准确性和有效性。事实表明,认识是健康心理的起点,意志行为是人格面貌的归宿,情感是认识与意志之间的中介因素。从心理结构的几个方面看,一旦它们不能符合规律地进行协调运作时,就可能产生一系列的心理困扰或问题。从个性角度看,每个人都有自己长期形成的稳定的个性心理,一个人的个性在没有明显的剧烈的外部因素影响下是不会轻易发生变化的。从个体与群体的关系看,每个人在其现实性上可划分成不同的群体,不同群体间的心理健康标准是有差异的。

(3)发展性。事实上,不健康的心理可能是人在发展中不可避免的发展性问题,随着个体的心理成长和岁月的流逝而逐渐调整而趋于健康。

心理健康的标准是一种理想尺度,它既为人们提供了衡量心理是否健康的标准,也为人们指出了提高心理健康水平的努力方向。如果每个人在自己现有基础上能够做不同程度的努力,都可追求自身心理发展的更高层次,从而不断发挥自身的潜能。老年人心理健康的基本标准,是其能够进行有效的生活。如果正常的生活都难以维持,就应该及时予以调整。

社区和家庭照顾老人应该及时注意老人心理健康状态的变化,根据老人的心理健康标准及时采取相关措施进行有效的疏导,让老人保持良好的心理健康,提高生活的质量。

(四)老年心理健康的原则

1. 一个中心

以健康为中心。老年人应该保护好自己的身心健康。老年人身心健康,就不会给社会和家庭造成负担,这本身就是对社会和家庭做贡献。一个心身健康的人,他的生活质量才能提高,才能享受到生活给予的乐趣。

2. 两个要点

潇洒一点、糊涂一点。老年人应该活得更轻松一些、宽容一些。潇洒者,自然大方,轻松自如,不拘束;糊涂者,大彻大悟,淡泊宁心,不为琐碎事所扰。糊涂一点,宽容一点,忍一时风平浪静,退一步海阔天空,何乐而不为呢?

3. 三个忘记

忘记年龄、疾病、恩怨。老年人不要总担心自己年事已高,疾病缠身,也不要总回忆过去的恩恩怨怨。生、老、病、死是人的自然规律，没有人能够逃脱这个过程，所以没有必要对必然要发生的事情过分担忧，也没有必要对已经过去的事情斤斤计较。老年人应该放松自己，乐观地生活。

4. 四老

(1)老伴。俗话说："满堂儿女，不如半路夫妻。"老夫老妻在精神上相互安慰寄托，在生活上相互照顾关怀，是其他关系所无法替代的。"世界上最珍贵的不是金银珠宝，而是恩爱夫妻。""少年夫妻老来伴"，特别是当一辈子"甩手掌柜"的老人，更要爱护自己相濡以沫的老伴。"夫妻恩爱苦亦甜"，老伴之间应做到"互尊、互敬、互爱、互帮、互赞、互商、互谅、互让、互通、互补、互学、互勉。情爱伴随夫妻一生，它可增强免疫功能，促进新陈代谢，抗病抗衰抗老(图3-4)。

图3-4　老年伴侣

(2)老友。在大半生的经历中,每个老年人都有自己志同道合又情投意合的老学友、老战友、老朋友,平时一起聊聊天,有事相互帮帮忙,对养生保健很有好处。“真正的朋友,可以使欢乐倍增,可以使忧伤减半。”“没有朋友的老年是孤苦难耐的老年。”充满友情的晚年,是幸福的晚年(图3-5)。

图3-5 老年人的友情

(3)老本。老本即身体。健康不是一切,但没有健康就没有一切。“保有健康,不知健康是福;失去健康,方知健康无价。”第一,要从老到终,心理健康,“乐尔康,康尔寿”。第二,科学合理膳食,营养结构均衡。第三,身心全面运动,新陈代谢旺盛,综合运动平衡。第四,科学生活方式,戒除不良卫生习惯。第五,树立预防为主观念,采取“三级预防”措施,即无病防生病,轻病防转重,重病防死残。

(4)老底。老年人要有一定的物质基础,才会有安全感,才有利于心身健康。老年人的物质文化生活,不可奢侈,但求宽裕。保有积蓄，量入为出，留有后备，以备不时之需。手中有点积蓄能够及时拿出以解燃眉之急。花钱买实用，花钱买喜欢，花钱买高兴，也就是花钱买健康。如果经济富裕，还可补贴儿孙。有人说："明智老人，一要闭上你的嘴巴子，二要打开你的钱袋子。"也就是不当唠叨、吝啬的糊涂老人。

5. 五要

要掉、要跳、要笑、要俏、要聊。①要掉。老年人要掉（放）下架子，保持一颗平常心，这对于有社会地位的人来讲尤为重要。②要跳。老年人要经常活动，而不是单纯指跳舞。"生命在于运动"，运动可以增强体质，使机体充满活力，还可以调节情绪。③要笑。老年人要对生活充满乐观情绪，时时保持愉快的心态。每天对着镜子笑几次，就会有好心情。④要俏。老年人的穿着要漂亮一些，让自身的形象更美一些，这样就会感觉年轻了许多，别人也会看到其焕发出的青春朝气。⑤要聊。老年人要经常与别人进行思想和感情交流。封闭自己和孤独感是危害老年人心身健康的重要因素，是引起老年抑郁症和老年痴呆的原因之一。聊天是一种最经济实惠而且又非常有益于心身健康的活动，对防治抑郁症和痴呆均有益处。

三、培养老年心理健康的方法

维护心理健康的方法包括基本方法和具体方法，总的指导思想是：立足保健，强化预防，发掘个体自身的潜能资源，提高自身免疫力，自己解决自己的问题，主动调适自己的健康心态。

（一）培养老年心理健康的基本方法

1. 认识自己、悦纳自己

苏轼说："人之难知，江海不足以喻其深，山谷不足以配其险，浮云不足以比其变。"知人难，知己更难。自我认识的肤浅，是心理异常形成的主要原因之一。自我认知是构建心理健康的重要环节。

要能体验到自己的存在价值，既能了解自己，又能接受自己，具有自知之明，即对自己的能力、性格、情绪和优缺点能做出恰当、客观的评价，对自己不会提出苛刻的期望与要求；对自己的生活目标和理想也能定得切合实际，因而对自己总是满意的，同时，努力发展自身的潜能，即使对自己无法补救的缺陷，也能安然处之。对自己充满自信，对他人深怀尊重，充分认识自我，发挥最大潜力。接受现实的自我，选择适当的目标，寻求良好的方法，不随意退却，不做自不量力之事，才可创造理想的自我，欣然接受自己，则可避免心理冲突和情绪焦虑，使人心安理得，获得健康。

明白自己的长处，可以发扬光大；明白自己的短处，可以及时改正。对人生、对世界上的事物，正确认识和了解，采取适当的态度和行为反应，同时也能提高对心理冲突和挫折的耐受能力，从而防止心理障碍发生。

2. 接受他人、善与人处

要乐于与人交往，不仅要能接受自我，也要能接受他人，悦纳他人，能认可别人存在的重要性作用。能为他人所理解，为他人和集体所接受，能与他人相互沟通和交往，人际关系协调和谐，在生活小集体中能融为一体，乐群性强，既能在与挚友相聚之时共欢乐，也能在独处沉思之时无孤独之感。在与人相处时，积极的态度（如同情、友善、信任、尊敬等）总是多于消极的态度（如猜疑、嫉妒、敌视等），因而在社会生活中才具有较强的适应能力和较充足的安全感。

3. 热爱生活、投身生活

要珍惜和热爱生活，积极投身于生活，在生活中尽情享受人生的乐趣。不倚老卖老，遇到不懂的、新鲜的事物，要学会多问，哪怕是问自己的孩子，或比自己年轻的人。把生活中积累的各种有用的信息贮存起来，以解决可能遇到的新问题，能够克服各种困难，使自己的行为更有效率，生活得有滋有味。

4. 面对现实、接受现实

对周围事物和环境能做出客观的认识和评价，并能与现实环境保持良好的接触，既有高于现实的理想，又不会沉湎于不切实际的幻想与奢望。对自己的能力要有充分的信心，对生活中的各种困难和挑战都能妥善处理，并能够主动地去适应现实。随着年龄的增大，老人的生活圈子越来越窄、越来越固守日常生活习惯，一旦发生打破陈规的事，就可能丧失应变的韧性。为了防止这样的事情发生，不妨时常改变一下日常做事的习惯方式。老年人每天尝试一件新鲜事：习惯用右手的人可以尝试用左手刷牙；吃完饭换一条路散步；或者睡觉时换一个方向。这些听起来都是些小事，但善于接受变化，并善于应对，才是良好适应能力的基础。关注现在，别想过去和未来：很多人总是在为未来担忧，对过去懊悔，但很少考虑当前的情况，这会平添很多压力。每当发现自己在思考未来或过去时，就要有意识地摆脱出来，把心思放在现在，哪怕只是几分钟。“如果每天用30分钟思考当下，不仅压力大大降低，那种束手无措、无能为力的感觉也会降低，克服困难的信心却增强了。”

5. 控制情绪、良好心境

能适当地表达和控制自己的情绪，喜不狂、忧不绝，胜不骄、败不馁，谦逊不卑，自尊自重，在社会交往中既不狂妄自大也不畏缩恐惧，对于无法得到的东西不过于贪求，争取在社会规范允许范围内满足自己的各种需求，对于自己能得到的一切感到满意，心情总是开朗的、乐观的。如果一时想不出解决办法，不要强迫自己。慢慢想，尽量不要影响心情，告诉自己：“办法总会有的，一切都会好起来。”

6. 学会交往、寻求支持

与志趣相投的老朋友在一起，进行思想的沟通和情感的交流，能从中得到启发、支持和帮助。更重要的是，能使人感受到充足的社会安全感、信任感和激励感，从而大大地增强生活的信心和力量，最大限度地减少心理应激和心理危机感。这是维护和保持心理健康的最基本、最重要的因素之一。老年人要学会使用美好的语言赞美他人。俗话说“良言一句三冬暖，恶语伤人六月寒”，用好人际交往的两个润滑剂，一为幽默，二为赞美他人；遵循夸奖他人两个原则，一为真诚，二是夸奖的内容应为对方所在意的；注意倾听。在交流中，有时“听”往往比说更重要。

生活中，个体难免会遭受挫折，此时能找机会与亲友倾诉，使不良情绪得以发泄，压抑心境得到缓解或减轻，失去平衡的心理也可以恢复正常。并且在倾诉的过程中，还会获得更多的情感支持和理解，获得认识和解决问题的新思路，增强克服困难的信心。面对巨大的压力要善于倾诉，向自己的家人、朋友、同事倾诉心中的苦闷，倾倒出“心理垃圾”，这样自身的压力会明显减轻，并且在倾诉的过程中就可能获得帮助。

7. 自我娱乐、心理平衡

注意培养自己的兴趣爱好，进行多方面的自我娱乐活动，就可以在其寂寞孤独、烦闷和抑郁时，使身心获得有益的休整和放松。积极开展自我娱乐活动，就能振奋精神，祛除烦恼，保持愉快的心境。心理健康是一种不断变动的动态过程，要通过不断的心理调整达到的一种良好状态。因此，保持心理平衡是个体加强自我心理保健，维护心理健康的重要方法。

（二）培养老年心理健康的具体方法

科学研究证明，人类的心理活动是可以被调控的，而且心理活动的正常操作和调节可以提高工作效率、改善人际关系、维护身心健康，有助于缓解疾病。以下具体方法能够提高老年人的自我心理调节能力，从而积极、乐观地生活。

1. 随遇而安法

人都会老，这是人自己无法左右的自然规律，当面对离休退休这一关口时，过得好的老年人生活依旧有趣味，过得不好的老年人，就会产生孤独感和自卑感。不少长寿老人表示："生活要随遇而安，多关注得到的而不是失去的，并且学会感恩知足。"生活中，每个人总会遇到一些不愉快，生老病死、天灾人祸都会不期而至。弘扬孔子的"三十而立，四十而不惑，五十而知天命，六十而耳顺，七十而从心所欲，不逾矩"的"仁者寿""智者寿"思想，借鉴《道德经》和《庄子》中提出的"无欲、无知、无为"的"返璞归真"思想，用恬淡的、随遇而安的心境去对待生活，将拥有一片宁静清新的心灵天地。

2. 幽默人生法

人格发展较成熟的老年人，常懂得在适当的场合，使用合适的幽默，可以把一些原来较为困难的情况转变一下，渡过难关，免除尴尬。和家人少一些严肃，多一些诙谐；多和朋友们聊一些轻松愉快的生活小事；学会开善意的玩笑，以及接受别人的玩笑；多听听相声，多看看幽默诙谐的影视剧，晚上入睡前回想一下今天笑的次数够了没有，并下定决心明天要更多地开怀笑。会笑的人是懂得幽默感的，它能使生活变得更轻松愉快。

3. 音乐治疗法

（1）音乐冥想法。冥想可改变我们一贯的理性意识，进入另一层的意识形态中。我们每个人的思想、行为及对事物的观点和反应，大部分是潜意识作祟。家庭、社会经验甚至是传媒等蕴藏在深层记忆体的组合物。不幸地，里面包括了很多负面的信息。若我们要认识自我、活出真我，保持身心健康平衡，便要拨开云雾，进入自己的内心世界。音乐冥想法属心理治疗方法之一。老年人遇到烦心事，可以播放舒缓音乐进行冥想。冥想过程中，意识清醒，意念集中，神经放松，细胞活跃，潜意识接收积极信息，清除负面思想，心情舒畅，充满活力。如果出现焦虑、忧郁、紧张等不良情绪时，不妨试着去做一次“心理按摩”——音乐冥想。放乐曲，然后坐下或躺下，全身放松，闭上眼睛，集中精神呼吸，进入较深的意识状态。用整个身心去聆听，幻想音乐像潺潺的流水一样流遍全身，会感觉到不只是耳朵在欣赏音乐，音乐已经进入了灵魂，烦心事会逐渐云消雾散。

（2）音乐缓解法。音乐有助于老年人缓解、改善心理状态。通过音乐这一媒介，抒发感情，促进内心的流露和情感的相互交流。利用音乐促进老年人心理健康，特别可作为缓解老年心理障碍的辅助手段。根据老年心理障碍的具体情况，可以适当选择音乐欣赏、独唱、合唱、器乐演奏、音乐比赛等形式。用歌曲和乐器来改善老年心理障碍患者的病情。治疗对象多半是痴呆症、自闭症等心理疾病。利用音乐改善老年人注意力、增强记忆力、活跃思想、丰富和改善情绪状态方面有明显的功效，有利于消除孤僻老人与周围环境的情绪和理智障碍，加强老年人对人生意义的认识和自我信心。

4. 避免不良心态法

保持心态平和对老年人的身体健康非常重要，老年人必须了解避免以下六大不良心态。

（1）牵挂心态。此种心态表现在对自己的儿孙辈过分地牵肠挂肚，尽管他们都已经长大成人，但老年人对他们还像过去那样，事事、处处关心和挂念。

（2）急躁心态。老年人由于自身社会角色的改变，加之社会地位越来越差，不如在工作岗位时受别人的尊重，如果再有一些不顺心、不如意之事接踵而来，就易产生急躁心理，遇事急躁，易动肝火。

（3）忧虑心态。一些老年人由于长期重病缠身，认为自己将走到生命的尽头，在世的日子已经是屈指可数了，难免会对生命产生一种留恋之感，由此，就产生了忧虑悲观的心理。

（4）孤独心态。老年人离退休回家后，由于无所事事，久而久之，便会产生孤独、空虚和被遗弃的心理。尤其是一些身边无子女或居住在独门独户单元房里的老年人。

(5)多疑心态。这种心态大多产生在一些长期与他人缺乏沟通和来往的老人身上,他们对别人的关怀和帮助,常常会怀疑其是对自己不怀好意;对自己身体上某些不适之处,过分敏感,疑神疑鬼,产生种种疑病心理。

(6)忧郁心态。老年人离退休后,离开了工作岗位,经济收入相应减少,社会地位和交往也发生了变化,尤其是离退休以前担任重要职位的老年人,此时感到的反差更大,常常会回顾当年,多愁善感,导致忧郁心态的产生和发展。

老年人了解避免以上六大不良心态,才能远离困扰,延年益寿。

为了使老年朋友退休后欢度晚年,请注意以下五点:

第一,要做到起居有常。生活作息有规律,有利于老年人的生理活动与心理活动富有节奏,有利于老年人的身心健康。

第二,要注意饮食的生理卫生与心理卫生。饭前要洗手,吃饭每餐要力求定量,切忌暴饮暴食,并注意饮食的心理卫生,努力做到吃饭前后心情平静,精神愉快,切忌心情抑郁或暴喜暴怒。

第三,要做力所能及的适当工作。老年人退休后没事做,生活失去节奏感,而产生孤寂之感,这种消沉的心理状态对身心健康是很不利的,参加力所能及的工作是延年益寿的重要手段。

第四,要有艺术爱好与娱乐活动。老年人爱好绘画、书法、音乐、诗词等,可以消除孤单与寂寞,陶冶情操。老年人也需要适当的娱乐活动,但参加的时间不要过长,内容不宜太惊险或太沉闷,场面不宜太闹太杂。

第五，要注意心理修养。祖国医学中养生学强调心理修养在养生中的重要性。因此老年人要讲究心理卫生，提高心理健康水平，愉快地度过晚年。

四、老年心理健康处方

“一种美好的心情比10副良药更能解除生理上的疲惫和痛楚。”“欢乐是最佳的补品，快乐是最好的良药。”“保持一生健壮的有效方法是延长青春的心。”“坏情绪是癌症的活化剂”。“只要你面向光明，阴影就会永远留在身后。”所有这些，都在启迪老年朋友：虽然机体老了，但如果能在心理上开创第二个春天，那么“春天”的雨露仍然可以滋润“秋天”的枯萎，延缓衰老，益寿延年，最终实现“心身双健，春华秋实”“千金难买老来乐，古稀焕发少童心”。

（一）做心理健康的“四乐”老人

1. 知足常乐

人生有各种欲望是正常的，关键在于把握适度。“没有知足，没有快乐；永不知足，永无快乐。”“欲望越多，快乐越少。”进入老年，更应淡泊名利权位。诸葛亮茅舍悬挂条幅：“淡泊以明志，宁静而致远。”每个老人的社会地位、经济条件不同，衣食住用行，温饱舒适即可，随着经济社会发展，逐步改善提高。“前人骑马我骑驴，后边还有拉车的。”常和不如自己的比，就能“知足常乐”了。

2. 自得其乐

“只有自己寻找的欢乐，才是真正的欢乐。”做自己喜爱的事，自然会给自己带来欢乐。每个老人的性格、阅历、文化、特长不同，其兴趣、爱好也不同，可由自己做出选择。

(1)天伦之乐。茶余饭后，年节假日，儿孙绕膝，谈笑歌舞，返老还童，其乐融融。

(2)亲友之乐。亲朋好友，接触密切，知己知彼，相约相聚，谈心聊天，扑克麻将，乐而忘返。

(3)旅游之乐。双休节假，风和日丽，或夫妻，或举家，或邀友，或近郊远郊，或祖国名胜，走出家庭小寓，迈向大千世界，灿烂人文历史，壮丽名山大川，令人心旷神怡。读书看报乐、绘画书法乐、养花养鱼乐、球类比赛乐、集邮收藏乐、下棋垂钓乐。

3. 助人为乐

先要有助人之心，才会做助人之事，方可得助人之乐。一丝善意的微笑，一个鼓励的目光，一句温暖的话语，都是爱的表达。有人说，世界上没有爱，不如说，他没有得到爱，是因为他没有付出爱。给病人推荐一位好医生、一个好药方；帮助求职者介绍一份工作，提供一个信息；给邻居修好一个小家电，换好一个保险丝等；就是素不相识者，问路要耐心向导，对老弱、妇女、儿童，更要帮其所需，解其所难。助人之事，不分大小，均可获得其乐。

4. 与众同乐

与众同乐是打破孤独、驱除寂寞的良策，把自己融入众人之中，成为群体一员，在五彩缤纷的社会生活中，相互交流，相互融合。在家庭中，乐家人之所乐；在亲戚朋友中，乐亲朋之所乐；在社会中，乐社会之所乐。人老了，空闲时间多了，老年人可借此多学一些东西，做到与众同乐，喜当“顽童”。

（二）做心理健康的“八情”老人

1. 体验老情

“五百里内人尊老大，九十岁了心犹少年。”这是学者胡适给故乡教师程本海的老祖父写的一副寿联，说出了老者的心声，意境深远。

2. 巩固爱情

老人长寿同婚姻关系有密切联系。俗话说少时夫妻老来伴，敬爱夫妻多长寿。愈是老年愈要珍惜、巩固爱情。

3. 愉悦心情

人老了要保持良好的心情，心胸开朗，逢事淡然处之，名利置之度外。发挥自己的特长和兴趣，尽力培养自己的爱好，能写的写，爱画的画。无论琴棋书画、种花养鸟，都是最佳选择，没有优劣之分。只要心情愉快，自可陶醉其中。

4. 坚持练情

要以动为纲，持之以恒。活动要量力而行，不可牵强，散步、打太极拳都是极好的活动项目。适度的运动能调节、改善机体的生理功能，增强抗病能力。

5. 回归童情

老年人保持一颗童心，常常和孙辈们一起做游戏、猜谜语、背唐诗、聊天说笑话，过得轻松愉快，生活充满阳光。童心不老，乐而忘忧，不知老之将至，无形中延长了生命过程。

6. 增进友情

老年人切忌孤独，千万不能自我封闭。要联系老朋友，结交新朋友，并力所能及地多为他人办好事。邀上三五说得来的老友，结伴郊游，到大自然中去领受森林浴和山光水色的恩泽；或者与忘年朋友交流思想，汲取青春活力，使老年生活兴趣盎然。

7. 寄以聊情

老年人茶余饭后相聚，讲古论今，谈天说地，对沟通感情、娱乐身心，很有好处。聊天可以使人忘掉衰老，忘掉烦恼，使精神生活变得丰富多彩。人在聊天时需要脑、口、耳、眼并用，会起到活跃脑细胞的功效。

8. 注重世情

讲究衣着的老人，比他们的实际年龄显得年轻；走路要有精神，举止干净利落，不可拖拖拉拉；讲究卫生，注重仪表，利于社交活动。最有效的“护肤品”是“情绪”。情绪好坏不仅影响脏器生理功能,而且直接影响皮肤变化:情绪低落,供应皮肤的血液骤减,人就畏首畏尾;情绪高涨,有利于血液通畅,使人容光焕发。

五、老年心理健康的意义

老年人为了温饱生计,为了子孙后代,忙碌、辛苦操劳一辈子,期盼退休后能够清闲地在家安度晚年。可是,退休后的安逸生活并没有让大多数老人感受到真正的“享清福”,反而却引发一些心理问题,严重影响老年人晚年生活质量。所以,心理健康对于老年人意义重大。

(一)心理健康有利于坚定老年人抗衰老的信念

心理健康有利于老年人树立抗衰老的精神状态,增强晚年生活的信心,主观上不因年老而气馁,过好精神衰老关。能够正确认识衰老是人生的必经之路,人有生就有死,这是不可抗拒的自然规律,认识到完全不服老,不承认衰老是不对的,人不可能“长生不老”。心理健康的老年人学会心理调控,不会让自然死亡把自己压倒;学会利用心理健康知识,指导自己过好晚年生活,正确处理家庭生活,增进生活情趣,防止和延缓衰老过程的到来;学会利用老年期的宝贵时间,安排好自己的晚年生活;学会老当益壮,在身体、精力等力所能及的条件下,珍惜时间,发挥余热,愉快地度过晚年。

（二）心理健康有利于促进老年人人格的健全

人格残缺、心理畸形，对老年人和社会的危害性很大。老年人如能拥有健康的心理，就会慢慢养成稳定的、相对健全的人格，同时，健全的人格也是心理健康的内容之一。两者相辅相成，和谐统一。如果一个一向乐观、开朗、热情的人退休后突然变得悲观、沉闷、消极，那就有可能是心理有问题了。人格是一个人所具有的稳定的心理特质的独特综合。人格完整是指一个人的心理和行为能够做到和谐统一。心理健康的老年人往往会形成完整人格，人格要素没有明显的缺陷和偏差，人格构成也相对稳定。心理健康有利于老年人人格的健全和完善。

（三）心理健康有利于老年人避免心理疾病

退休后的老年人没事做，生活失去节奏感，产生孤寂感，会出现心情的低谷，会遭受重大情绪挫折。烦恼三个月排除不了，就有心理疾病了，一旦形成了心理病症，需要家人的照顾、社会的帮助。老年人常见的心理疾病有空巢综合征、抑郁症、躁狂症、焦虑症、离退休综合征等。一旦患上心理疾病，患者将痛苦不堪。心理疾病患者以躁狂抑郁症最为可怕，躁狂时伤害别人，抑郁时伤害自己，是一把双刃剑，无论刺向哪儿，结果都是伤害。过度抑郁会导致心肌梗死，负面情绪使老年人大脑活动功能和免疫力降低，抗癌能力下降，诱发癌症。所以心理疾病对老人自身、社会的危害性都很大，所以在老年人的晚年生活中，学会心理调节，顺利走出退休后心情的低谷，把可能的心理疾病倾向扼杀在萌芽状态，把起初的心理烦恼尽快化解,避免心理疾病的产生。

(四)心理健康有利于促进老年人延年又益寿

心理健康的老年人会主动参加一些力所能及的活动,多和朋友相处,加强同外界的接触,找到精神和感情上的寄托,这样就不会觉得生活空虚,并消除寂寞、孤单和焦虑,有利于推迟衰老、延年益寿;心理健康的老年人会调节心情,心情好能使身体内部各器官得到协调,自然就会健康长寿;心理健康的老年人能随遇而安,即能使自己较好地适应周围的生活环境,又能给自己一个良好的心态。例如,遇上别人级别高、条件好、待遇优厚时不眼热;遇上喜争风吃醋、爱占便宜、好拔尖的人,能宽容、谦让;遇上看不惯的事儿能不真生气。所以,心态超棒的老年人能推迟衰老且延年益寿。

总之,心理健康如一缕阳光,撒在老年人夕阳无限好的路上,使老年人心灵始终充满阳光,精神饱满,充满生气,安度晚年;使老年人看清自己的囿限,懂得如何调节自己;使老年人的身心"春棠经雨放,秋菊傲霜开",真正收到"微云淡河汉,疏雨滴梧桐"和"寿比南山不老松,福如东海长流水"之效。

小结

心理健康是指以积极的、有效的心理活动,平稳的、正常的心理状态,对当前和发展着的社会、自然环境以及自我内环境的变化具有良好的适应功能,并由此不断地发展健全的人格,提高生活质量,保持旺盛的精力和愉快的情绪。老年心理健康是指老年人具有自知之明、自我调控、与人友善、生活热情、智力正常的心理状态。老年心理健康标准是智力正常、情绪健康、意志健全、人格完整、良好认知功能、自我意识明确、人际关系和谐、能够充分发挥兴趣爱好、有良好适应能力、心理行为符合老年人的年龄特征。老年心理健康原则是以健康为中心，潇洒一点、糊涂一点，忘记年龄、疾病、恩怨，有老伴、老友、老本、老底，要掉、要跳、要笑、要俏、要聊。老年心理健康基本方法是指老年人认识自己、悦纳自己，接受他人、善与人处，热爱生活、投身生活，面对现实、接受现实，控制情绪、良好心境，学会交往、寻求支持，自我娱乐、心理平衡。老年心理健康具体方法是指老年人善于运用随遇而安法、幽默人生法、音乐治疗法、避免不良心态法。老年心理健康处方是做心理健康的“四乐”老人，做心理健康的“八情”老人。老年心理健康的意义是心理健康有利于坚定老年人抗衰老的信念，心理健康有利于促进老年人人格的健全，心理健康有利于老年人避免心理疾病，心理健康有利于促进老年人延年又益寿。

第四篇　老年心理健康训练

学习目标

1. 了解心理健康训练的方法。

2. 熟悉各种训练的步骤。

3. 掌握放松训练的实施步骤。

// 案例导入

赵老快60岁了，曾经精力充沛，神采奕奕，充满活力，是一家近千人的大厂厂长，员工们对他都很尊重。两年前厂领导换届，年轻人取代了赵老的厂长职务，赵老被聘为厂里的技术顾问。可赵老操惯了心，总爱管事，看到不顺眼的就会说几句。一开始别人考虑到他的面子问题，还听他的，很快，大家就该怎么做还怎么做，赵老只能干着急，生闷气。更让赵老不能接受的是，很多人看见他连招呼都不打了，还在背后说长道短。赵老开始非常烦躁，特别喜欢发牢骚，只要遇到人，不管对方有事没事，牢骚一发便是一两个小时，弄得人们一见到他就躲。不仅如此，赵老在家也一天到晚牢骚不断,只要他看不顺眼,就会一顿数落,还不许家人辩驳,家人也躲着他。

在身体方面,短短两年时间,赵老血压升高了,体重减轻了,还经常感冒,因为心脏病还住了两次院。

// 心理提示

老人退休后,社会角色发生重大变化,要想进入一个新的角色,必须要经历一个过程,甚至要经历痛苦的蜕变过程,重新定义新角色的价值和意义,建立新的模式。

一、老年心理适应训练

心理适应主要指各种个性特征互相配合,适应周围环境的能力。一个人能否尽快地适应新环境,能否处理好复杂、重大或危急的特殊情况,与其心理适应性高低有很直接的关系。人的一生其实就是一个适应过程,是学习新的社会角色、掌握新的行为模式来适应新生活的过程,老年期更是如此。

(一) 影响老年人社会适应的因素

1. 退休前缺乏足够的心理准备

在退休之前很多人的心理就已经开始有变化,但相当一部分人对退休后所面临的环境、生活变化、角色的转变,以及心理活动的变化和调节等问题考虑不多,只是偶尔想到这些问题。有一些人尽管在思想上有了比较充分的准备,但老年人的心理特点还是易导致他们在思想上、情感上、行动上滞后，仍然会出现心理上的不适应，尤其容易出现消极的情绪反应。

2. 退休后缺乏“支撑点”

每个人在社会中都扮演着各自的社会角色，每一种角色活动又构成了个人独特的生活内容。在众多的角色和角色活动中，有一种或几种角色及角色活动对他本人来说是至关重要的。因为这些构成了他赖以生存和发展并维持最基本的心理平衡的“支撑点”。一旦“支撑点”缺失，轻则心理失调，重则心理崩溃。一些人退休之前一心扑在工作上，他的“支撑点”是职业角色和职业活动，个人的一切情感、价值、尊严都维系于此。而退休后，原先的“支撑点”不存在了，又没有及时构建新的“支撑点”，原有的心理平衡被破坏，出现前所未有的空虚、失落、压抑、痛苦、后悔、焦虑、抑郁等一系列心理反应。

3. 退休前后生活状况反差过大

不同的人在退休前后生活状况的变化是有差异的。一般来说，普通老百姓退休前后所发生的生活状况变化不是很大，所以不适应的程度较轻；而退休前身居要职的领导干部在退休前有较高的社会地位和较大的职业权力，生活的重心是工作和事业，而退休后会出现社会地位下降和职业权力丧失，生活重心也转移到家庭和生活琐事上，落差是巨大的，一时难以适应，所以容易产生严重的心理失调。

4. 个人适应能力差

个人适应能力差是导致退休老人出现心理问题的一个重要原因。有些老年人由于个性上的原因难以适应退休后的生活变化。一般来说，性格固执、急躁、孤僻、过度内向、刚愎自用、智力水平低下和具有黏液质和抑郁质等气质类型的人适应能力相对较差一些，所以他们在环境变化大的情况下容易出现心理失调。

（二）老年人心理适应训练的方法

1. 模仿

模仿是通过观察别人的行为模式而习得一种新行为的过程。大量的人类行为都是通过模仿的学习方式获得的。模仿式学习的效果与环境条件、行为模式的典范性、典范的显示作用和观察者个性特征等都有很大关系。一般行为模式的典范性越强，越容易得到别人的模仿。典范性取决于这种行为模式是否符合观察者的年龄、性别、个性等要求，以及它能否得到观察者所需求的奖励。典范行为示范过程中，从简到繁，有一定重复性又不使人感到厌烦，就会得到较好的效果。新行为模式的显示越清晰、详尽，充满多种变换的方式，就越容易引起观察者根据自己的情况进行具体模仿。

2. 角色扮演或行为练习

行为练习是最常应用的心理训练方法。它可以使每个人根据自己的情况，找出自己的关键动作，反复练习，得到较好的效果。把行为练习和模仿学习结合起来，会得到较好的效果。在行为练习过程中，及时地反馈，使其知道自己动作的不足或成功之处，对于新行为的习得是非常重要的。在行为练习过程中，可以不断地采用角色扮演的方式去实现。要求老人扮演一种角色，反复扮演，不断练习和改进。

3. 循序渐进

对于老年人重新建立一个过去从来未进行过的行为模式，在训练过程中，采取逐渐接近，顺序强化的途径，就是循序渐进的训练方式。例如，一位老人退休前没有运动习惯，退休后想锻炼身体，开始时每次连续运动时间应在 10~15 分钟，逐渐增加到 20~60 分钟，开始时隔一天一次，保持每周三次，逐渐增加到每周五次，同时根据身体的反应情况，调整运动方式及强度。

4. 倒序训练

倒序训练适用于比较复杂的新行为模式。把一种复杂的行为模式，分解为多项彼此分离的一系列步骤，先从最后一步开始，渐渐从后向前地逐一训练，直至完全掌握全部行为模式。对于老年人记忆力和定向力的训练常常采用这种方式。例如，当一名老年人搬进一所新住宅之后，为了帮助他记住到商店买东西的路程，先陪伴他从住处走到商店。把这段路程分解为几段，先从识别商店店门的标志做起，请他注意商店店门与其他门的不同，要他记住周围其他可以鉴别的标志。然后，从商店店门向他住处方向逐步退回，请他逐次记忆，直到记住从家门出来向什么方向走，才能找到商店。

二、老年自我肯定训练

进行自我肯定的训练，是让我们能够用一些更积极的思想和概念来代替过去陈旧的、否定的思维模式。这是一种强有力的技巧，一种能在短时间改变人们对生活的态度和期望的技巧。

（一）自我肯定训练的方法

1. 体验自己的成功

老年人要经常找出最近（三个月之内）一次或几次自己做过的比较成功的事情，如独立完成一件事、学会跳一段舞、学会唱一首新歌、画了一幅画、帮助了别人、组织了一次集体活动等日常生活中的细节。用文字把成功事件的过程详细记录下来，自己的心理状态也要描述出来，时常阅读，仔细体会，加强体验。

2. 了解自己的进步发展

在笔记本上依次写下现在所扮演的所有社会角色，如儿子或女儿、兄弟或姐妹、父亲或母亲、指导的或学习的、战友、同乡、团员、党员等。分析一下哪些社会角色是新近出现的、过去从未扮演过的，哪些是此前一直扮演或从前曾经扮演过的。然后仔细评价所扮演的每一个社会角色的满意程度，可以按最不满意到最满意做 5 级评分。尤其注意哪些是比以前做得更多、更好的方面，并总结一下其中的原因，充分自我肯定。

3. 认识自己的优点

找出自己在能力、品德、性格、气质、意志、情绪、动机等方面的优点和积极的表现，并用文字记下来，思考如何充分表现和巩固优点。经常阅读记录，自我对比，坚定信心。

4. 学会接受称赞

面对称赞，很多老年人常常会觉得不自然，有时会觉得十分难为情，如果一味谦虚，会使人产生“假”的感觉，如果不作表示，会使人感到不礼貌，如果接受了，又怕人说自己骄傲，甚至有些人拿不准是该笑，还是不该笑。总之，有些老年人面对称赞有时比面对批评还要难堪。接纳自己的人可以快乐地接受别人的给予，拥有自我肯定与欣赏的能力。所以老年人在获得别人赞美的时候，要大方地说谢谢，而不是怀疑别人在说假话；当别人表达好意的时候，能够真诚领受。

（二）进行自我肯定训练时的注意事项

1. 用现在时

老年人在进行自我肯定训练的时候要始终用现在时而不是将来时来进行肯定，不要说“我将得到一个了不起的新身份”，而是要说“我现在有一个了不起的新身份”。这不是对自己撒谎，因为每一样东西都是首先在头脑中出现，然后它才能在客观的现实中实现。

2. 用正面的方式

要始终用正面的、积极的方式来进行自己的肯定。在某些时候，否定性地进行肯定是没有益处的，尤其是当自己在努力消除特殊的情绪障碍或坏习惯时。例如老年人参加模特走秀，要当众表演，有些老人会有些紧张，对自己说“我不要这么紧张，我可以做到的”。如果是这样的话，实际还是会变得更紧张，这时要用一种描绘你想创造出来的积极的肯定紧接着上面这句话，即“我现在就很放松、思想集中，这件事情我一定能够完成”。

3. 用简短精练的句子

肯定越简短，也就越有效，这样能使自己时刻体会到一种力量感。如用“我是一个自信的人”代替“我一直认为无论在哪方面我都是一个具有很强的自信心的人”；用“我心情很好”代替“我感觉今天从早上到现在我的心情都非常好”。

4. 用创造的感觉

在进行肯定时，老年人要始终记住是自己在创造新的事物，不是试图取消或改变已存在的事物，否则就是去抵抗存在，这将会给自己带来冲突和挣扎。同时，机械地进行肯定，不如去努力获得那种自己真正有能力创造这一现实的感觉。在有效性这一点上想和做会有巨大的区别。

5. 用接纳的态度

肯定并不意味着要用抵触式的努力改变自己的感受或情绪。老年人接纳自己所有的情感是重要的，包括所谓“否定性”情感，而不是全部改变它们。同时，肯定会帮助老年人创造一个对于生活的新观点，这将使老年人能够有越来越多的满意经验。

三、老年人际协调训练

人际协调能力，就是通常所说的社交能力、交往合作能力。它是人与人之间相互沟通、相互合作、相互依存以求发展的能力，是使个人的生存发展不妨碍他人，而他人又积极配合个人生存发展的能力。老年期良好的人际关系可以开拓生活领域，排解孤独寂寞，增添生活情趣。因此，老年人不仅要努力保持与旧友的关系，还应积极主动地建立新的人际网络。在家庭中与家庭成员间要建立协调的人际关系，营造和睦的家庭气氛。可以通过下面几种方法来进行人际协调能力的训练。

（一）善用社交技巧

1. 换位思考

如果经常站在对方的角度去理解和处理问题，良好的人际交往就会变得简单易行。一般而言，善于交往的人，往往善于发现他人的需要，懂得尊重人，愿意信任他人，对人宽容，能容忍他人有不同的观点和行为，不斤斤计较他人的过失，在可能的范围内帮助他人而不是指责。懂得“你希望别人怎么对待你,你就应该怎样对待别人”的人际交往“黄金法则”;更懂得“别人希望你怎样对待他,你就怎样对待他”的人际交往“白金法则”。

2. 专注于倾听

在人际交往中,倾听是对他人的尊重。倾听的关键是设身处地,怀着“同理心”聆听。倾听的技巧包括:其一,全身心地倾听。观察和觉察对方的非语言行为;通过联系对方生活的整个环境,理解对方的言语信息;留意对方表达中流露出来的可供利用的信息和不够完善的地方。其二,倾听的言语技巧。主要包括要求对方补充说明;适当提问;指出共同的经历或意见;多描述,少评论;给予肯定的回答;保持耐心,让对方把话说完;复述对方的内容;阐述自己的见解;解释对方的意图。其三,倾听的非言语技巧。身体前倾,积极关注对方,保持目光接触,尽量做到相对放松,积极利用面部表情和头部运动。专注于倾听,才能听到“话外之音”,因为非语言沟通比语言沟通更重要。

3. 善于赞扬

心理学家认为,赞扬能释放一个人身上的正能量,调动人的积极性。“赞扬能使羸弱的身体变得强壮,能给恐怖的内心以平静与依赖,能让受伤的神经得到休息和力量,能给身处逆境的人以务求成功的决心。”那么,如何赞美他人呢?

(1)发现他人的优点和美德。世上没有十全十美的人,也没有一无是处的人,在交往中,老年人要能客观地看别人,发现对方的优势和优点。

(2)坦率地说出对方的优点。实际上,无论你在心里怎么想,只要没用语言表达,你的心情就不会准确地传达给对方,让对方了解。发自内心的赞扬是思想和感情交流的基础。

(3)赞美要及时、准确。没有必要担心赞美会变成讨好,也没有必要“刻意地”随时随地赞美他人。

4. 主动交往

别人是不会无缘无故地对你感兴趣的,要想同别人建立良好的人际关系,老年人要学会成为交往的发起者。当你主动与陌生人打招呼或攀谈时,你会发现自己的努力几乎都是成功的。当你成功的经验越来越多,自信心也会越来越充分,人际关系也会越来越好。总之,只有善于主动与人交往,建立良好的人际关系的愿望才有可能得以实现。

(二)巧妙处理人际冲突

俗话说,有人的地方就有冲突。关键是怎么建设性地解决冲突,化敌为友。

1. 处理人际冲突应遵循的原则

(1)对事不对人。老年人在发生冲突或争执时,将焦点置于事情本身,客观分析冲突的起因与双方的对错,不将冲突扩大化。人际冲突的起因大部分是一些生活琐事,而且双方都要承担一定的责任,也很难分清谁对谁错,所以如果将冲突的起因只归于别人,双方只会相互攻击,从而激化冲突。

(2)给情绪降温,做合理让步。老年人在发生人际冲突时,双方都处于一种应激状态,在这种情绪状态下,很容易说出中伤彼此的话,造成无法挽回的局面。此时,做适度的让步不失为一种明智的选择,让步并不代表忍气吞声,把握好度也是一种智慧。

(3)及时解决冲突。老年人在发生人际冲突时,直面问题,坦诚相待,立即处理,而不要暗自较劲儿,更没有必要记仇。人际冲突的起因多半是小事,彼此说出自己的真实感受,一般都可顺利解决。但事实上,很多人会选择逃避,之后小问题积攒成大问题,陈年旧事都有可能被翻出来,此时再处理就难上加难。

2. 处理人际冲突的策略和技巧

(1)批评的艺术。一般情况下,应多赞扬,少批评。批评是负性刺激,通常只有用意善良、符合事实、方法得当时,才有可能产生积极的效果,才能促进对方的反思与进步。

高明的批评有三个特点:①注意场合与环境,尽量不要当着别人的面批评。②先表扬后批评,即用委婉的方式批评。如"这件事你干得不错,非常好,同时……""你这样的确有效果,同时如果……会更好"。③就事论事,一方面不能将以前的事重新翻出来算总账,以免加剧冲突;另一方面批评的是对方的行为而不是人格。

(2)拒绝的艺术。老年人要学会拒绝。该拒绝时会拒绝是一种能力,不该拒绝时绝对不拒绝则是一种智慧,知道什么时候该拒绝,什么时候不该拒绝是一种成熟。

1)必须指出拒绝的理由。老年人在拒绝的时候能说出真诚的并且符合逻辑的拒绝理由最好,有助于维持原有的关系。如果觉得拒绝的理由不充分,也可以直接拒绝不说明理由。千万不可编造理由,因为谎言终究会被揭穿。当说明理由后,对方试图反驳,千万不可与之争辩,只要重申拒绝就行了,因为争辩会把理性转化为感性。

2)耐心倾听对方的要求。老年人在交流时,即使在对方述说中就已经知道必须加以拒绝,也要听人把话说完。既表达对其尊重,也可更加确切地了解其请求的主要含义。

3)让对方知道拒绝是为了他好。如果有人叫你一起去干一些涉及原则性的问题,应当坚决拒绝,并陈述其利害,让他觉得这样做事对他自己不利,你的拒绝确实是为了他。明白了这些,他就不会对你怀恨在心,也较容易放弃自己的念头。

4)拒绝的话不要脱口而出。老年人在拒绝别人时,要首先感谢对方在需要帮助时可以想到你,并且略表歉意。注意,过分的歉意会造成不诚实的印象,因为如果你真的感到非常抱歉的话,就应该接受对方的请求。

5)拒绝对事不对人。拒绝的是他的某个要求而不是他这个人,同时一定要让别人明白其中的道理。

知识链接

拒绝的方式

温柔地拒绝——“我可以说‘不’吗?”

委婉地拒绝——“如果我知道……我会帮你的。”

迂回地拒绝——“如果你可以等上几天,我就能帮你了。”

巧妙地拒绝——“我也正在为这件事发愁呢,正想请你帮帮我。”

直接地拒绝——“抱歉,我也不会。”

强烈地拒绝——“别惹我,烦着呢!”

没有技巧——想说就说,及早拒绝,坚决拒绝,没有技巧也是一种技巧。

四、老年系统脱敏训练

系统脱敏疗法又称交互抑制法,是由美国学者沃尔普(Joseph Wolpe)创立和发展的。这种方法主要是诱导求治者缓慢地暴露出导致焦虑、恐惧的情境,并通过心理的放松状态来对抗这种焦虑情绪,从而达到消除焦虑或恐惧的目的。如果一个刺激所引起的焦虑或恐惧状态在求治者所能忍受的范围之内,经过多次反复的呈现,他便不再会对该刺激感到焦虑和恐惧,治疗目标也就达到了。

（一）系统脱敏训练的步骤

1. 建立恐惧或焦虑的等级层次

(1)找出所有使老年人感到焦虑或恐惧的事件。

(2)报告出对每一事件的主观感受。这种主观感受可用主观感觉尺度来度量，可以分为0~20、20~40、40~60、60~80、80~100五个等级。分别表示：轻度焦虑（恐惧）、中度焦虑（恐惧）、重度焦虑（恐惧）、高度焦虑（恐惧）、极度焦虑（恐惧）。

2. 放松训练

进入放松状态：首先应选择一处安静适宜、光线柔和、气温适度的环境，然后让老年人坐在舒适的椅子上，随着音乐的起伏开始进行肌肉放松训练。训练依次从手臂、头面部、颈部、肩部、背部、胸部、腹部以及下肢部训练，过程中要求老年人学会体验肌肉紧张与肌肉松弛的区别，达到全身肌肉能够迅速进入松弛状态为合格。经过这样反复长期的训练，使老年人能在日常生活中灵活使用，达到任意放松的程度。

3. 分级脱敏训练

系统脱敏需要老人在完全放松的状态下进行，从等级中最低的焦虑事件开始，从难以接受到能够接受，重复地进行，直到老人对某一等级的事件不再感到焦虑，那么这一等级的脱敏就完成了。以此类推做下一个等级的脱敏训练，直至完全适应。采用循序渐进的方式，使个人对本来听到会紧张、害怕的事物逐渐失去敏感性，达到身心放松、安定、自在的状态。

一次想象训练不超过 4 个等级，如果训练中某一等级出现强烈的情绪，则应降级重新训练，直到可适应时再往高等级进行。当通过全部等级时，可从模拟情境向现实情境转换，并继续进行脱敏训练。

4. 现实训练

这是训练最关键的地方，仍然从最低级开始至最高级，逐级放松、脱敏训练，以不引起强烈的情绪反应为止。为老人布置家庭作业，要求老人可每周在治疗指导后对同级自行强化训练，每周 2 次，每次 30 分钟为宜。如对人群、拥挤的人群特别是在人群中被人触碰后反应激烈，那么人群、人的触碰就是引起反应的物体。

（二）系统脱敏训练的注意事项

（1）建立信心。帮助老年人树立训练的信心，要求老人积极配合、坚持训练。

（2）积极面对。在引起焦虑的刺激出现或者存在时，要求老人不回避行为或意向，这一环节对训练至关重要。

（3）协商讨论。每次训练后，要与老人进行讨论，对正确的行为加以赞扬，以强化老人的适应性行为。

五、老年情绪合理训练

人的情绪对健康的影响是极大的。《黄帝内经》提出:怒伤肝,喜伤心,思伤脾,忧伤肺,恐伤肾。七情不可为过,过激就会损伤脏器,有害于身体。老年人的情绪应当稳定,饱满、乐观;情绪波动,喜怒无常,心情忧郁,感情脆弱,都有损于健康。

(一)不良情绪的危害

1. 容易引发某些生理疾病

不良情绪会导致疾病或加重原来的病情。老年人如果长期处在不良情绪中,可使神经系统的功能紊乱、指挥失灵,造成其他器官机能调节发生障碍,免疫力降低,造成免疫缺损,这样病菌和致癌因子就会乘虚而入,从而引发各种疾病,如精神病、高血压、冠心病、脑血管疾病、胃及十二指肠溃疡病、甲状腺功能亢进,甚至癌症等。不良情绪还可以使交感神经常常处于亢奋状态,使机体释放大量的肾上腺素等活性物质,这些物质能加速代谢,造成心肌缺氧,加重心脏负担,从而导致冠状动脉痉挛、心绞痛、心肌梗死等疾病,严重时会使人失去生命。不良情绪还会催化癌症的形成。这些疾病,都与精神因素有关,特别是疑虑、恐惧、悲伤、愤怒等情绪更易诱发疾病。世界上许多长寿者都是在乐观的情绪中度过自己的一生。消极的情绪可以致病;而乐观的情绪却可以治病。

2. 使理智和行为失常

不良情绪会使人失去理智，一个被极度愤怒或恐惧情绪控制的人，易出现意识狭窄、判断能力下降、失去理智或自我控制能力下降的情况，常会产生某些平常状态下不会出现的言行举止。

3. 会使老年人生活失去乐趣

幸福的生活要有良好的心理状态作为基础，否则就不能体验到生活的点点乐趣。不良情绪的危害之一就是使老年人觉得生活淡然无味，与他人交流困难，或者无心参与各种社交活动，使老年人社会适应能力减弱，总觉得生活和自己过不去，从而体验不到生活的乐趣，在烦恼和忧愁中度过余生。情绪是具有感染力的，有时不良情绪还会传染给其他的老年人，使得他人的心情也难以舒畅。如果出现这种情况，弥漫着消极情绪的生活氛围会使老年人的不良情绪持续恶化。

（二）情绪合理训练的方法

1. 通过宣泄调整情绪

不良情绪之所以会危害身体，主要是因为它能产生能量刺激体内器官，强烈的情绪突发使人的肌肉处于高度兴奋的“应急状态”，这时体内激增的能量如不能得到及时的发泄，便会危害身体。因此，老年人的不良情绪要寻求合适的方式宣泄出来。

（1）说出来。当老年人有了不良情绪时，要向亲朋好友倾诉，将烦忧尽情地说出来。一个人如果有话、有事总是窝在心里，老是生闷气,时间长了聚集到一定程度就会憋出病来。健康专家曾经说过:疾病不是得出来的,而是气出来的。宣泄后就会觉得精神上轻松许多,有种如释重负之感。而且从别人那里得到的可能不只是安慰开导,还有解决问题的具体办法。

(2)哭出来。当老年人悲痛的时候,不妨哭一场。哭也是释放能量、调节机体平衡的一种方式。哭能够把心中的郁闷释放出来,把委屈和不幸在身体中产生的有害物质通过眼泪排泄出去,从而达到调节情绪、维护心理平衡的作用。

(3)写出来。有的话可以直接向亲朋好友诉说,有的话由于某种特殊原因不便说或不宜公开说,则可以通过写日记这种形式,将心中的不愉快发泄出来,一吐为快。

2. 通过遗忘转移不良情绪

有的老年人在不良情绪产生后老是郁积于心、耿耿于怀,结果只能是使这种情绪不断蔓延,日益加重。因此,当某种事情引起不愉快的情绪时,不要老是去想它,最好能把它尽快地忘掉。譬如与人吵架、被人误会等,为了这些事而心情恶劣,不仅无助于解决问题,还会增加心理负担,使身心受到压抑。而应该抱着现实的态度,事情既然已经发生,就让它成为过去,应该果断地置于脑后。至于一时想不开的事情,不妨搁在一边暂时不去想它,回避消极情绪的发源地。如果某个场景老是会引起不愉快的回忆,就应该设法避开这个场景;如果眼前存在一件会唤起悲伤回忆的物品,不妨把这个“纪念品”先收藏起来。这样一来,就能使自己暂时离开不愉快的事情,以求得对它的淡漠或遗忘。忘记烦恼、忘记不快、忘记过去的恩恩怨怨,从而缓解不良情绪对自己的侵扰,避免由此造成的身心损伤。

当然,能对自己的情绪产生强烈刺激的事情,通常都与自己的切身利益有很大关系,要很快地将它遗忘是很困难的。单靠消极的躲避不行,更有效的方法是进行积极的转移。即设法使自己的思绪转移到更有意义的方面去,从事平时感兴趣和喜欢的事情,如聊天、阅读书籍、郊游、听音乐、下棋等。又如老年人生气时,不妨去花园里面走走,或做一些轻微的体力活,如扫地、擦桌子等,也同样能把激发出来的能量释放出去,待感到疲劳时,郁积的怒气也会消失一大半。

3. 通过理智的升华调整情绪

不良情绪具有排他性,即当某种不良情绪产生时,它逐步把人的注意力吸引到它所指引的方向上。它会引起思路的狭隘,而思路的狭隘又加速了不良情绪的滋长。不良情绪愈是强烈,老年人的思维就愈有可能被卷入情绪的漩涡中。譬如,忧愁者愈是朝忧愁的方向想,就愈感到自己有忧愁的理由;发怒者愈是想着发怒的事情,就愈感到自己的发怒完全是应该的。不良情绪会在这种狭隘的思路和对事物片面的认识下迅速地滋长起来。对于这种盲目发展起来的不良情绪,需要借助于理智升华去消除。

老年人不良情绪的理智升华,通常有三个步骤。首先必须承认不良情绪的存在;其次要分析产生这种不良情绪的原因,弄清楚究竟为什么会苦恼、忧愁或愤怒，是否确有可忧、可恼、可怒的必要，随着对事物的正确认识，有些不良情绪就会消除；最后要寻求正确的、可行的、积极的方法和途径来解决。譬如因为和养老院其他老年人关系不好而苦恼，就要认真分析关系不好的原因。如果问题在别人，可以主动和其交换意见，消除误会，增进相互间的了解。

六、老年调息放松训练

调息放松训练是按一定的练习程序，学习有意识地控制或调节自身的心理、生理活动，以达到降低机体唤醒水平，调整那些因紧张刺激而紊乱的功能。放松训练有很多种，比如呼吸放松训练、想象放松训练、肌肉放松训练等。

（一）呼吸放松训练

呼吸放松训练，简单易行却非常有效，所以被称为放松第一法。呼吸训练的关键是将“胸式呼吸”变成“腹式呼吸”，腹式呼吸带来充足的氧气，随着血液流向全身每一个细胞，使每一个细胞有足够的氧气和营养的血液滋润，疲惫的细胞便有了活力。细胞有了活力，全身各个器官和皮肤肌肉就得到休息与滋养。使老年人紧张时产生的颤抖、脸红、出汗、头昏、眩晕等生理反应得到缓解。

呼吸放松训练的具体操作：找个地方舒服地坐好，身体后靠并伸直，挺直脊背，解开束腰的皮带及衣物，将右掌轻轻置于肚脐上，掌心向后，五指并拢，然后开始长长地、慢慢地吸气。可以将自己的躯体想象成一个气球,尽量将这个气球充满。当感到气球已全部胀起,气沉丹田,保留两秒钟,然后轻轻地、慢慢地将气呼出。在吸与呼时,可以采用“手按法”来证实自己是否在进行腹部呼吸。在吸气时,手掌将离开身体,向外运动,表明已将空气送到了肺的底部。也可以采用鼻吸口呼的方式,并且结合后面将介绍的想象法,随着鼓腹收腹,细长的吐纳,会有采天地灵气贯向全身的舒畅感。多练习几遍,直到呼与吸都到位之后,再加上计时这一项,练习慢呼吸。

目标:吸气持续四秒钟,呼气也持续四秒钟。可以边呼吸,边数秒。为了放慢速度,数秒的方法可以做些改变,将“一秒”改成“一个千分之一”,这样可以将速度维持在大约一秒钟一个数字。开始吸气时,脑子里便开始数:一个千分之一,两个千分之一,三个千分之一,四个千分之一。一定要将吸气坚持到数完“四个千分之一”,然后,才开始轻轻地呼气,像刚才一样慢慢地数。呼气也一定要慢,否则,不可能坚持四秒钟。

每天坚持练习两次,每次 4~10 分钟。若能做到像洗脸、梳头一样成为习惯,就可以在最需要的时候不假思索地使用它来缓解焦虑情绪。

(二)想象放松训练

想象放松训练是通过一些宁静、愉悦、令人心旷神怡的画面或情景的想象,以达到身心放松的目的,经常进行放松训练,可以增强记忆、稳定情绪、提高学习效率,长期坚持训练还可以改善人的性格，消除不健康的行为。老年人在做的时候，要尽量运用身体的各种感官，从形、声、嗅、触去感受，如身临其境。比如，可以想象在河边散步。在春天一个阳光明媚的日子里，不冷不热，空气中似乎能嗅到花的香味。你独自一人在安静的河边散步，水面波光粼粼，河水异常的清澈，里面有一条条游鱼轻松自在、无忧无虑地嬉戏着。河边是满地绿绿的青草，各色的野花点缀其间。踩在柔软的草地上，缕缕花香扑鼻而来，有一只白色的小鸟停在你的前方不远处，眼睛骨碌碌地看着你，与你进行着一种特殊的对话。春风拂面，和煦温暖，你舒展全身，慢慢地做深呼吸，感到无比的轻松舒畅。

每天可用5~6分钟进行练习。可以根据自己的经验与生活习惯，选择几个特别能激发你想象的画面或场景，比如想象在海边漫步；想象在乡村宁静的湖里游泳；想象在一望无际的大草原上骑马徜徉；想象你变成了一只小鸟在天空中自由飞翔。平时多多练习，关键时候就能运用自如。

要注意的一点是，你必须是想象的主人，而不能沉溺于白日梦而不能自拔，以至于耗费太多时间。

（三）肌肉放松训练

放松是一种在体力与脑力上使紧张感得以化解的技巧。肌肉放松是一种深度放松，因此它比前两种放松要复杂一些。没有紧张感就很难真正体会放松。因此，张弛肌肉放松法的要点就是先紧张后放松，在感受紧张之后再充分地体验放松的效果。肌肉放松训练步骤一般是从上到下,依次分别进行。

1. 头部肌肉放松

眼和眉毛向上抬,让额头的骨肉紧张,保持 10 秒;怒目圆睁,使眼睛与眼眶肌肉紧张,保持 10 秒,然后放松;嘴角尽力后拉,保持 10 秒,然后放松;牙关紧咬,保持 10 秒,然后放松;用舌头抵住上腭,使舌头紧张,保持 10 秒,然后放松。各部分分别练习之后,可以做面部整体放松练习:眉头上拉,眼睛尽量睁大,嘴角尽力后拉,牙齿尽量咬紧,保持 10 秒,然后放松。

2. 颈部肌肉放松

从前、后、左、右四个方向绷紧颈部肌肉,保持 10 秒,然后放松。

3. 肩部肌肉放松

尽量提升双肩向上,保持 10 秒,然后放松。

4. 臂部肌肉放松

握紧拳头,使双手及前臂肌肉紧张,保持 10 秒,然后放松;侧平举双臂做扩胸状,体会臂部的紧张,保持 10 秒,然后放松。

5. 胸部肌肉放松

使双肩用力后扩,胸部四周肌肉紧张,保持 10 秒,然后放松。

6. 背部肌肉放松

使双肩用力前收,体会背部肌肉紧张,保持 10 秒,然后放松。

7. 腹部肌肉放松

尽量收腹，好像逃避别人的拳击，保持 10 秒，然后放松。

8. 臀部肌肉放松

夹紧臀部肌肉，收紧肛门，保持 10 秒，然后放松。

9. 腿部肌肉放松

绷紧双腿，并膝伸直上抬，好像两膝盖之间夹着一枚硬币，保持 10 秒，然后放松；将双脚向前绷紧，体会小腿部的紧张，保持 10 秒，然后放松；将双脚向膝盖方向用力弯曲，保持 10 秒，然后放松。

10. 脚趾肌肉放松

将脚趾向下弯曲，好像用力抓地，保持 10 秒，然后放松；将脚趾尽量向上弯曲，而脚与脚踝不动，保持 10 秒，然后放松。

以上十个步骤，老年人在做的时候要充分地体会肌肉紧张之后的舒适、放松的感觉，比如酸、热、软等感觉，每次用 10~20 分钟来体会。

老年人在实施肌肉放松训练时，要选择环境安静、光线柔和、气温适宜的地方。周围不要有干扰刺激，同时可以选择播放轻松、缓慢、柔和的音乐，并排完大小便后宽松衣带、鞋带和颈部的衣扣，坐在舒适的椅子上，头向后靠，双手放于椅子扶手上或自然下垂置于腿上，两腿随意叉开相距约半尺，整个身体保持舒适、自然的姿势。

实施肌肉放松训练时，首先要知道什么是紧张、什么是放松。

请用劲儿握右手(停3秒)。请注意手掌、胳膊的感觉(停3秒)。请注意,不同部位的感觉是有区别的。手掌有触觉和压觉,胳膊是肌肉紧张的感觉,请特别注意这种肌紧张的感觉(停3秒)。请松开拳头,彻底松开,这就是放松。多练习几次,体验紧张和放松有什么区别。训练时要从某一部分肌肉开始,完成之后再训练另一部分肌肉放松,逐渐达到全身放松。

七、老年心理暗示训练

暗示是在无对抗条件下,用间接含蓄的方法对人们的心理和行为产生影响,从而使人们按照一定的方式去行动或接受一定的意见,使其思想、行动与暗示者的意志相符合。暗示是一种被主观意愿肯定了的假说,不一定有根据,但由于主观上已经肯定了它的存在,就会促使其心理尽量趋向于主观假说。老人生了病,一时查不出病因,因而怀疑得了癌症。这时如果有医生说他是癌症,这位老人是会相信的。

暗示不仅对人们的心理与行为发生影响,还会引起人的生理变化。在实验室里反复给实验者喝大量糖水,经过检验,可以发现其血糖增高,出现糖尿及尿量增多等生理变化。后来,不给糖水,实验者用语言来暗示,结果同样会发生上述生理变化。这一实验表明,语言暗示可以代替实物,给人脑以兴奋的刺激,虽然被实验者未喝糖水,但人脑仍然参与了体内糖的代谢活动。人们常讲的"望梅止渴",即是暗示作用。

暗示这种社会心理现象在生活中是十分普遍的。一方面,暗示者通过暗示的方法使他人发生自己所希望的行为;另一方面,被暗示者接受暗示而产生与暗示者相符的行为。一个人在社会中无时无刻不在接受别人的暗示,也无时无刻不在暗示他人,从而使得人与人之间相互影响与相互作用。

(一)心理暗示的类别

心理暗示分为两类:他人暗示和自我暗示。

1. 他人暗示

暗示信息来自他人时,称为他人暗示。权威的暗示是他人暗示的特殊情况。"人微言轻,人贵言重",说的是人的地位不高、名声不响,则说话没有威望,不能引起别人的重视;如果声望高的、有地位的权威人士说话,就容易博得人们的信任。前者不易发生暗示作用,后者的暗示作用就大。

2. 自我暗示

暗示信息来自本人时,称为自我暗示。自我暗示对自身可以发生积极作用,也可以发生消极作用。一个人的自信心其实就是自我暗示。当一个人面临一项具有挑战性的新任务时,如果能看到自己的力量,并且有足够的勇气承担这一任务,那么,他一定能很好地完成任务。反之,如果缺乏自信心,则往往做不好工作,生活中还常出现"疑神疑鬼"的自我暗示。自我暗示对个人的心理和生理有着重要的影响。在严重的消极自我暗示下,一个人可以变得突然耳聋眼瞎,但其视力与听力的丧失并不是因为视神经与听神经受损，而是大脑中分管视觉和听觉的有关区域功能受到扰乱，丧失了正常的工作能力，不能正常地摄取外界信息，当然也就不能对外界信息做出反应了。

（二）心理暗示的训练方法

老人的易受暗示性较强。有研究显示，对患病老人实施积极的暗示，既可以延长老人生命，降低疼痛程度，又可以减轻老人焦虑、抑郁等消极情绪，调节行为与生理功能，达到促进身心康复的目的。此外，对健康的老人而言，积极的心理暗示训练方法可以促进其以乐观、豁达的状态面对生活，提高耐挫力。

1. 语言暗示

积极的语言暗示可以使老人有意无意地在心理活动中受到良好的刺激和鼓励。保证正向的评价，欣赏并赞美老人的精神风貌、衣着等点滴变化。例如赵阿姨穿上儿子买的新外套，可以及时地夸赞赵阿姨的外套漂亮，穿上有气质，夸赞赵阿姨的儿子懂事孝顺贴心。这是外在的暗示。自我暗示可以每天对自己重复说几句话，不论是大声喊出来，还是在心中默念都是很有效的。通常来说，语句越简短就越有效果，情感传达得越多，给我们的印象越强。比如，“我要活得更轻松”“好心情是自己创造的”“你说得很有道理，但我选择快乐”等。

2. 行为心理暗示

行为心理暗示比语言心理暗示更加有效，每一种动作、每一种表情都具有强烈的心理暗示和自我暗示作用。老年人可以经常性地微笑或是大笑，是不是假笑无所谓，因为效果都一样。经常性地舒展身体，比如伸懒腰、张开双臂、挺胸抬头、双腿分开。这些动作能影响人的心理状态，让人心情更加愉快。老年人对着镜子来做这些动作，效果会更好。

3. 环境自我暗示

改变环境来暗示自己，是最高深的心理暗示技巧。环境暗示往往是不可抗拒的，我们不可避免地会受到环境和文化的影响。因此，老年人要学会利用环境暗示，最简单的包括改善居住环境，多待在宽敞明亮的区域，用绿色和蓝色装点周边(因为绿色和蓝色容易联想到自然、海洋和天空)，创造舒适宽广的环境，在墙上贴上某些暗示的文字。多用暖色调的物品，在身边多放一些快乐相关的书籍……这些点点滴滴的心理暗示，都能显著影响老年人的心情。

八、老年认知改变训练

由于认知改变，对于人的情绪行为改变起着关键作用。在认知改变训练中最具代表性的方法是合理情绪训练。

合理情绪训练的基本理论又称 ABC 理论，指情绪不是由某一诱发性事件本身所引起的，而是由经历了这一事件的个体对这一事件的解释和评价所引起的。A(actiaig evens)指诱发性事件；B(beliefs)指个体在遇到诱发事件之后所产生的信念，也就是他对这一事件的看法、解释和评价；C(consequences)是指在特定情景下，个体的情绪及行为的结果。通常,人们会认为人的情绪及行为反应是直接由诱发性事件A引起的,即A引起了C,但ABC理论指出,诱发性事件A只是引起情绪及行为反应的间接原因,而B,即人们对诱发性事件所持有的看法、解释、信念才是引起人的情绪及行为反应的更直接的原因。

创建ABC理论的心理学家埃利斯(Albert Ellis)认为,每一个人既有合理的思维,又有不合理的思维,因此人既是理性的,同时又是非理性的。人的情绪伴随思维过程而产生,由思维产生的认识和信念可以决定情绪的性质。人们大部分的情绪困扰都来自于非理性的、不合理的思维与信念。当人们长期坚持在内心对自己重复这些不合理信念时,就会导致越来越严重的不良情绪和不适应行为,最终导致心理障碍。

(一)不合理信念的特征

1. 绝对化要求

绝对化要求这个特征是在各种不合理的信念中最常见到的,是指人们以自己的意愿为出发点对某一事物怀有认为其必定会发生或不会发生的信念。这种信念通常与“必须”“应该”这类字眼联系在一起。

2. 过分概括化

过分概括化是一种以偏概全、以一概十的不合理思维方式的表现。过分概括化是不合逻辑的,是人们对自身的不合理评价。一些人面对失败或是极坏的结果时,往往会认为自己“一无是处”

“一钱不值”等。

3. 糟糕至极

糟糕至极是认为如果一件不好的事发生将是非常可怕、非常糟糕，是一场灾难的想法。这种想法会导致个体陷入极端不良的情绪体验（如羞耻、自责、悲观、焦虑、抑郁等）的恶性循环之中而难以自拔。

（二）合理情绪训练的基本步骤

第一，要向老年人指出其思维方式、信念是不合理的，帮他们搞清楚为什么会这样，怎么就变成目前这样子的，讲清楚不合理的信念与他们的情绪困扰之间的关系。可以直接或间接地向老年人介绍ABC理论的基本原理。

第二，要向老年人指出，他们的情绪困扰之所以延续至今，不是由于早年生活的影响，而是由于现在他们自身存在的不合理信念所导致。对于这一点，自己应当负责任。

第三，通过与不合理信念辩论的方法为主的咨询技术，帮助老年人认清其信念不合理，进而放弃这些不合理的信念，帮助老年人产生某种认知层次的改变。这是训练中最重要的一环。

第四，不仅要帮助老年人认清并放弃某些特定的不合理信念，而且要从改变他们常见的不合理信念入手，帮助他们学会以合理的思维方式代替不合理的思维方式，以避免重做不合理信念的牺牲品。

这四个步骤一旦完成，不合理信念及由此引起的情绪困扰乃至障碍即会消除，老年人将会以较合理的思维方式代替不合理的思维方式，从而较少受到不合理信念的困扰，恢复良好的情绪与心理状态。

九、老年行为强化训练

行为强化训练是建立在操作性条件作用的原理之上的。一种行为发生后，根据当时“连带发生的情况”会决定加强或减弱该行为的再发生。假如连带发生的情况为奖励与嘉赏等“正性”情况，往往会加强该行为的再发生；若连带发生的情况为处罚或排斥的“负性”情况，常会减弱该行为的再出现。即某一行为若得到奖赏，那么，以后这个行为重复出现的频率就会增加；反之，得不到奖赏的行为出现的次数就可能会减少。在强化的时间间隔方面也遵循操作性条件作用原理。

（一）行为强化训练的类型

1. 正强化

正强化是给予一个好刺激。为了能建立一个适应性的行为模式，运用奖励的方式，使这种行为模式重复出现，保持下来。老年人在建立一个新的行为模式时，每做到一步，可以奖励自己一件喜欢的物品，或是告诉自己：“我做到了，我很厉害。”“我有能力做到，我可以完成。”

2. 负强化

负强化也叫阴性强化，是对于符合组织目标的行为，撤销或减弱原来存在的消极刺激或者条件以使这些行为发生的频率提高。负强化，是积极行为预期增加或者已经增加，为了巩固那些已经增加的积极行为，撤销原来的那些惩罚，那些与组织不相容的行为带来的痛苦。负强化的方法包括撤销批评处分降级等。有时恢复减少的奖金也是一种负强化，负强化能否发挥激励作用，取决于负强化物的性质。如果负强化物具有激励作用，那么负强化就具有激励作用。

3. 正惩罚

正惩罚是施加一个坏刺激。这是当不适当的行为出现时给予处罚的一种方法，往往是给对方施加一个刺激，如批评、罚款等。这种惩罚必须注意惩罚的是什么，意义要明确，时间要适当。如随地吐痰当即罚款即是正惩罚。

4. 负惩罚

负惩罚是去掉一个好刺激。这种惩罚比正惩罚更为常用。当不适当的行为出现时，不再给予原有的奖励。如老年人遵从医嘱完成康复训练之后可以看一下喜欢的电视剧，没有完成则不让看，从而鼓励其继续训练。

（二）行为强化训练的方法

1. 塑造

塑造是行为训练中最常用的方法之一，塑造是通过强化的手段，矫正人的行为，使之逐步接近某种适应性行为模式。塑造过程中，采用正强化手段，一旦所需行为出现，立即给予强化。

在塑造方法的应用中，要注意制定适当的目标。假定要塑造老年人走出家门与他人多交流，第一步，当老年人能走出家门在门口范围内活动时给他鼓励与赞赏；当这种行为稳定地出现后就进入第二步，老年人可以走得更远一些，进入社区，表扬他；然后进入第三步，老年人可以与外界人员交流，赞赏他。如此下去，使老人的行为一步步接近希望的行为模式。

2. 代币制管理法

这是一种利用强化原理促进更多的适应性行为出现的方法，是使用有形的可得到实物奖励的正强化方式之一。代币指可以在某一范围内兑换物品的证券，其形式有小红旗、小铁牌、小票券等。比如在养老院，为了让老人更配合护理工作，可以每天给配合度好的老年人发一张小票券，集齐十张，可以兑换一小盆植物自己养，这种方式即代币制管理。

3. 消退法

这种方法采用的方式是对不适合的行为不予关注，不给予强化，使之渐趋削弱以致消失。例如，医院里的老年人，有些会对护理人员产生强烈的依赖感，用大声的语言、发火的样子来获得医护人员的过多关注。此时，医护人员应该分清楚，对此行为暂不予理会，他自己觉得没意思了，即会自行停止此行为。

在使用消退法时，注意要同时强化对方出现的适应性行为，而且实施时一定要坚持住，因为往往在开始时，情况可能比以往更糟。

（三）行为强化训练的注意事项

强化法不止上述几种，但所有强化法的运用都有一些共同的重要技巧与要领。要注意以下六个方面。

第一，要清楚想改变的目标行为是什么，而且要选择适当，否则就不能达到有效的咨询效果。

第二，强化物要适宜，要能够起到所希望的强化作用。

第三，强化物的呈现要及时，意义要明确。表扬什么，惩罚什么，训练者一定要做到心中有数，且表达要明确。

第四，对于正强化来说，强化的标准要逐渐提高，强化的次数要逐渐减少。正强化的目的是使适应性行为出现，不适应行为减少或消除。当老年人的适应性行为稳定出现时，即可逐步减少正强化的次数，或只在其又有进步时才给予强化。

第五，要注意强化的比例适当。不宜为了少许的更改就给予大量的赏罚，而较大的更改却只给少许的赏罚，不成比例，则失去其作用。

第六，强化也可由实物渐次变为言语，先采用效果明显的强化物，再逐步改为言语的强化。

小结

进入老年期其实要学习的东西非常多，如老年自我保健知识、老年社会学、心理学等知识。同时，也要了解国内外大事，更新观念，了解社会变更、紧跟时代步伐，真正做到“活到老学到老”，这样既能缩小与年轻人的代沟，又丰富了自己的生活，还锻炼了智力、增强了跟下一代或下两代的关系。在进行脑力劳动的同时，也要进行适度的体力劳动。根据自己的兴趣、爱好、体质状况，有选择、有规律地进行运动，包括跳舞、做操、跑步、打球、爬山、太极拳等体力运动。

老年人退休后社会角色发生了重大变化，这种改变不但使他们丧失了原有担当的角色的情感，还要调整几十年来形成的行为方式，这种变化会产生剧烈的矛盾冲突。这些问题在退休老人身上普遍存在，如何更好地适应新的生活模式要把握一个原则：适合自己的就是最好的。所以，要积极发挥老人自身的心理优势，找到适合自己的适应方式。

第五篇　老年不良心态及调整

学习目标

1. 了解不良心态对老人的影响。
2. 熟悉孤独心态和调整的方法。
3. 掌握抑郁心态和调整的方法。

// 案例导入

刘阿姨,63岁,以往性格开朗,为人热情,半年前独生女儿结婚离开了家,接着又与邻居产生小矛盾,从此不再爱说话。她感觉非常委屈、孤独,时常自责,出现失眠、多梦、时常早醒等症状,情绪越来越消沉、无精打采,以往很感兴趣的事也都推说自己没兴趣不想去了,食欲逐渐下降,日渐消瘦,每天躺在床上抱怨说活着没意义。刘阿姨的老伴性格内向,平时话不多,加上身体不好,长期患有高血压、糖尿病,没有精力照顾刘阿姨。刘阿姨的女儿因为怀孕了,回家看望母亲的时间也不多。自从刘阿姨出现以上情绪变化以来,女儿感到心有余而力不足,因此特意请来一名保姆照顾老人,帮助父母做饭，打扫卫生。但保姆毕竟不是自己的亲人，刘阿姨的病情日益加重。

// 心理提示

生活中要注意老年人的身体变化情况，也要注意他们的心理变化。老年人的不良心态如果不能得到及时、适度的排遣，会给本人造成身心上的危害，也将严重影响家庭的正常生活。

离退休是人生的一个重要转折，一些老年人在离退休以后，不能适应新的社会角色、生活环境和生活方式的变化而出现急躁、忧郁、多疑、恐惧等不良心态，或产生偏离常态的行为。现代医学模式的新健康观认为：健康不仅仅是生理上没有病态，还应有最佳的心理状态。因此，离退休老人要及时调整自己的心态，适应新情况。拥有健康的心理，是老年人安度晚年、幸福生活的重要保障。

老年人的心理健康应表现在以下几方面：能进行正常的学习和生活；能与他人保持良好的人际关系，家庭和睦；能与他人相互承认，相互理解，保持感情上的融洽，并与他人在行为上相互协调；能够获得他人的尊敬，受到他人的悦纳；具有良好的情绪，对生活充满信心，心情愉快；行为符合他扮演的社会角色和适应当时的社会环境；能正确地认知社会，和他人的心理活动基本一致；具有健全的人格，情绪、性格稳定，意志坚强，能够正确评价外界事物和自己。

一、老年牵挂心态及调整

（一）牵挂心态

牵挂心态表现在对自己的儿孙辈过分地牵肠挂肚。子女再大，即使已经成家，有了下一代，可在父母的眼中，他们仍然是孩子，总希望他们平安幸福。每天翘首以盼子女能早些回家，同享天伦之乐，于是产生期待心理。期待时间稍长就发展为牵挂心态，再进一步发展，就出现焦虑心理，于是就胡思乱想起来。而且这些胡思乱想都是从不吉利方面去想，使自己处于焦虑与自我安慰的矛盾状态中，直到子女平安回来，心态才会恢复如常。牵挂心态在更年期和老年期十分常见。

子女未离家之前，父母除了忙于自己的工作之外，还要在生活、教育等多方面悉心照顾他们，这种生活状态虽然忙碌但却充实丰富。许多父母把教养子女当作他们人生的重要内容，甚至是唯一内容，因此父亲或母亲角色对他们而言是至关重要的，是他们自我认同感、自我价值感的重要来源。一旦子女长大了离家求学、就业或是结婚，父母亲的角色便开始出现丧失，会给他们造成严重的心理压力。而在这个时间段又相继退休，彻底脱离了原来的工作状态，进入轻闲的居家生活状态。使他们一方面失去了能为社会做事的机会，另一方面失去了为子女做事的机会，骤然的变化本身就极易产生严重的适应困难。再加上多数子女都在现代化的社会中紧张工作，只能抽空挤时间来看望父母，全家团圆成为一件难得的事，尤其是那些子女已经移居国外或在外地工作的家庭，这也加剧了老人的牵挂心态。

（二）牵挂心态的调整方法

1. 相信子女的能力

牵挂是难免的，然而子女毕竟长大了，不能再将他们当小孩子看待了，要相信他们的独立生活能力和处事能力，相信他们一定有能力过好自己的人生。凡事不要总朝坏处着想，同时要告诉小辈自己的牵挂，以取得他们的理解和配合。双方思想沟通了，代沟缩小了，这样父母释然，子女理解，关系也就融洽了。

2. 子女也应主动加强沟通

对老人的牵挂心态，子女大多不以为然，反认为多此一举，甚至产生反感情绪。这种态度会加剧老人的牵挂心态。子女要换个角色，站在老人立场考虑一下，所以主动沟通才是最佳方案。要让父母知道你已经独立了，还要懂得和父母保持成年人之间的亲密关系。多陪父母聊一聊你在事业上的进展与计划，你选择另一半的标准与看法，你对孩子的教育理念等，让父母知道你的真实状态和想法，并适时告诉父母：从现在开始，这份人生的责任由我自己来扛。

3. 多关注自己的退休生活

老人将儿女养育成人很不容易，承受了太多艰辛。儿女长大成人，有了自己的事业和生活，正是父母彻底放手的最佳时机。放下“一辈子为儿女活”的思想，打开“为自己而活”的晚年生活模式，养花种草、背包远游、上老年大学、跳广场舞、走模特步，快乐地享受晚年生活。

二、老年急躁心态及调整

（一）急躁心态

很多人到了老年脾气变得古怪，很容易为一些小事发脾气或是生闷气，有的还影响家庭关系，更是危害老人的自身健康。那么老人的脾气变得急躁易怒是什么原因呢？

老年人的急躁心态，是心理衰老、性格变异的反映。老年人退休后，身体状况下降、工作能力减退、社交能力减弱，自我封闭性增强，从原来快速紧绷的生活节奏过渡到退休后的悠闲生活节奏时出现了适应不良的情况，容易产生失落感。加之社会地位有所下降，不如在工作岗位时受别人尊重，这种社会角色的改变，容易产生孤独感、自卑感。会对身边的人过于苛求，以“长者”“过来人”自居，遇事固执过敏，急躁易怒，情绪波动大；再加上生活圈子变小，缺少情绪发泄出口，生活中再出现一些不顺心、不如意的事，自控能力也随之降低，于是就会产生急躁心理，表现在遇事急躁，易动肝火。

有些老人的急躁心理，还可能与身患某种疾病有关。如肝病患者，虚火亢盛、心情烦躁，平时容易发脾气。

（二）急躁心态的调整

1. 转变对事物的认识

要改变脾气急躁，就要找出引起急躁的原因。脾气急躁的人不理解事物的发展有其客观规律，实现目标需要有一个过程，以为单凭主观愿望急于求成就会成功，这是急躁的一个重要原因。老年人社会阅历丰富，只要能够静下心来认识问题，就一定能够认识到事物的成功并非一蹴而就。有了这个认识，遇到不成功时，就能够坦然一些，不会急躁愤怒。

2. 宽容对待别人

老年人急躁的一个重要原因，是要求别人的想法、情绪和行动完全符合自己的愿望，一旦发现别人说的、做的不顺自己心意，就勃然大怒，其实内心是要别人顺从自己。很明显，这种想法是非理性的，也是很不公正的，正像自己不乐意受别人支配一样，别人也喜欢按他们自己的意愿办事。如果我们从内心承认别人和自己不同，别人有权按他们自己喜欢的方式行事，我们就会学到一种宽容的态度。

3. 转移注意力

发生急躁心理时，人的大脑皮层常会出现一个强烈的兴奋灶，如果能有意识地调控大脑的兴奋与抑制过程，使兴奋灶转换为抑制平和状态，则可能保持心理上的平衡，使自己从消极情绪中解脱出来。

例如，当自己急躁、烦恼时，就不要再去想引起急躁的事，尽量避免烦恼的刺激，有意识地听听音乐、看看电视、翻翻画册、读读小说等，强迫自己转移注意力。这就可把消极情绪转移到积极情绪上，淡化甚至忘却烦闷。

我们还可让自己思维长上翅膀，自由畅想，到幻想世界中去遨游；也可与他人漫无边际地畅谈，免得在难解的事上钻牛角尖，给自己带来无端的烦恼。这样随着事过境迁，心平气和地解决难题，化解矛盾，往往能收到较满意的成效。

4. 评价推迟法

急躁心理常常来自对“刺激”的评价，也许是别人的一个眼神，也许是别人的一句玩笑话，或是别人的一个误解。这在当时可能会非常急躁、愤怒，可是如果过一个小时、一个星期，甚至一个月之后再评论，或许就会认为当时对之发怒是不值得的。

5. 理智控制情绪

理智控制是指用意志和素养来控制或缓解不良情绪的爆发，努力使激怒的情绪降至平和的抑制状态。当急躁心理出现时，我们要马上意识到不对，迅速冷静下来，主动控制自己的情绪，用理智减轻自己的怒气，使情绪保持稳定。

一个人的性格和脾气，通过自身的心理调节和自制力是可以调整和防止的。生活中许多过去爱发脾气的老年人，后来都学会了正确的自我控制。如果是因为疾病而引起的急躁，应及时到医院检查就诊。

三、老年忧虑心态及调整

（一）忧虑心态

人进入老年期，无论是社会、家庭角色，还是身体、心理状况，都呈现一种退化趋势。对待事情多了一些顾虑、一些掂量。老年人承受挫折的能力降低，因此对各种生活事件反应敏感、脆弱，容易表现为对生活中许多事情忧虑重重，也容易缺乏安全感，担心利益受到伤害，就会有较多自我保护倾向，遇事也会多虑和担忧。心理会出现老化倾向，表现为墨守固执，对于新情况难以适应，思前想后，患得患失，拿不定主意。

老年人都希望长寿，但这种美好愿望与实际生活中的意外打击、重大刺激、各类疾病形成了强烈的对比和深刻的矛盾。导致一部分老年人对疾病过分关注、担心，容易对号入座，对保健仪器、营养品几乎没有抵抗能力，有的反复到医院进行检查，检查结果正常但还是担心，甚至出现疑病症现象。

（二）忧虑心态的调整

1. 欲擒故纵法

美国心理学家罗兰德的一项治疗忧虑的措施很独到。他不是让忧虑者不去忧虑，而是让忧虑者“欲擒故纵”，每天拿出一段时间专门进行忧虑，即“用忧虑战胜忧虑”。专家们发现，尽情地忧虑一段时间，更能驱除忧虑。这有点像一个人怕失眠就越失眠，索性就不睡，困意反倒袭来的情形。老年人如果怕忧虑的困扰，那么索性就专心致志地忧虑一会儿。具体如何做呢？

第一，在平时通过想象、放松、转移注意力等方法打断忧虑，告诉自己会有时间专门去忧虑的；第二，每天专门用于忧虑的时间最好在30分钟左右；第三，专门忧虑时不要坐自己平时常坐的座位，以免以后一坐这座位就产生忧虑，也不要在晚上睡觉前安排专门忧虑；第四，不能“偷工减料”，要保证时间，要专心致志。这样做的结果是，人往往不能做到一门心思地去忧虑，渐渐地忧虑便悄然消失了。

2. 转换视角法

一位老太太有两个儿子，大儿子卖伞，二儿子晒盐。为两个儿子，老太太差不多天天忧虑重重。每逢晴天，老太太念叨：“这大晴的天，伞可不好卖呦！”每逢阴天，老太太嘀咕：“这阴天下雨的，盐可咋晒？”如此忧心忡忡，老太太竟忧虑成疾了。两个儿子不知如何是好。幸访得一智者，智者为老太太出一招：“晴天好晒盐，您该为小儿子高兴；阴天好卖伞，您该为大儿子高兴。”如此转念一想，保您忧虑全消。老太太依计而行，果真无忧无虑心宽体健起来。

当人在审视、思考、评价客观事物或情境时，要注意从多方面看待问题，如果从一个角度来看，可能会引起消极的情绪体验；如果从另一角度来看，就可能发现它的积极意义，从而使消极的情绪转化为积极的情绪。这便是“转换视角法”的妙处。

原本，事情常有两面理，是是非非，好好歹歹，得得失失，总是我中有你，你中有我，何必非把一件事情想得那么糟不可？正所谓“横看成岭侧成峰”。凡事只要换个视角，常常会看到另一番情景，这样老年人的忧虑就减轻甚至消失了。

3. 嘴角上翘法

消除脸上的阴云，就会告别心中的忧虑。可以这样做：先少许调整一下，使情绪平静一些。然后嘴角上翘，尽力上翘。请尽力保持较长时间，1 秒，5 秒，30 秒……不管刚才索然无味也好，百无聊赖也罢，做完以后，是不是就快乐起来了？如果不断重复肯定效果更佳。

嘴角上翘的核心是“笑”与“喜”的关系问题。什么是笑？笑就是露出愉快的表情，发出欢喜的声音。什么是喜？喜就是高兴、快乐。从心理学角度来说，笑是情绪的机体变化，喜是情绪的内心体验。

美国的心理学家詹姆士（William James）认为：情绪的心理状态，不是情绪的生理变化的原因，相反，情绪的生理变化，才是情绪的心理状态的原因。他用生动的事例说明：当你看到一只老虎，听到它的吼叫时，老虎的形象和声音，通过眼、耳等感官传导大脑皮质，使你产生对老虎的认识，于是你又联想到老虎是野兽，很厉害，会吃人。而后，在大脑皮层的指挥下，你的肌肉（横纹肌）收缩，同时有心跳、呼吸加快等反应，于是就“跑”。这种生理变化再传回到大脑时，就产生了一种主观体验，即“怕”。丹麦的生理学家兰格（Carl Lange）也几乎同时提出这种看法。所以这种学说就称之为

“詹姆士-兰格学说”。

后来的研究表明，生理变化（内脏、横纹肌的变化）不是情绪的决定因素，但情绪的内容确与内脏、横纹肌的变化有关系，情绪的内容是从内脏、横纹肌反馈回大脑的信息。具体说到笑与喜的关系，一般是先喜后笑，有时候，也会先笑后喜。就是说，外表颜面肌肉的变化可以改变内心的情绪状态。

此外还有个心理效应问题。当人一旦有意地调整颜面肌肉时，也就无意间调整了内心的情绪状态，从而逐渐清除消极情绪，于是心中的天空便由“阴”转“晴”，也就告别了忧虑。

四、老年孤独心态及调整

（一）孤独心态

孤独心态主要是指一些老年人退休后，因远离熟悉的工作环境和同事；或老年人没有子女在身边；或丧偶独居；或居住在独门独户单元房，每天除了吃饭、睡觉、看电视，几乎无事可做，久而久之产生的孤独、空虚和被冷落、被遗弃的心理状态。尤其是独居的丧偶空巢老人，孤独心态愈来愈明显，这种心理状态较为普遍地存在于老年人群体中，是一种与世隔绝、无依无靠、孤单寂寞的情绪体验。人类是群居动物，很少有人喜欢孤独。严重的孤独感会产生挫折感、寂寞感和狂躁感，若再加上身体疾病的长期折磨，甚至会产生轻生厌世的心理及行为。

孤独心态主要表现在自我评价过低、生存意识消退、常常对他人不满及报怨。久而久之，有这些情况的老人就会强化自我内心的感受，常常会采取自我封闭的生活状态，不主动与社会、他人沟通、交流，渐渐地疏远社会，最终会形成孤单的生活习惯和行为模式，并将默默地承受孤单带来的痛苦。他们既害怕由于过分期望而出现过大的心理落差和失望，又希望别人关心照顾，于是经常拒绝与他人交往，因此会变得行为孤单、性情孤僻，与周围人的距离越来越远。

（二）孤独心态的调整方法

1. 多出门走走看看

老年人平时待在家里孤单寂寞，通过旅游可以接触外面的世界，心胸和眼界更加开阔，走出了狭窄单调的生活，增加了情趣，对身心的健康自然有好处，也可以激发老年人旺盛的精力。老年人外出旅游往往多与家人、志同道合的亲朋好友结伴而行，同时，在旅游过程中，又可结识许多新朋友。老友新朋，共同度过美好的时光，可使老年人心情更加舒畅，对消除老年人的孤独心态很有好处。

2. 培养兴趣爱好

读书、写作、书法、绘画、摄影、弹琴、唱歌、舞蹈、拳术、棋艺、养花、种菜、垂钓、手工制作、饲养宠物……每一样都有学不完的知识技能，都能打开一扇窗，让人看到绚丽多彩的世界。可以任选一两样，投身其中。把自己喜欢的事情当作事业来做，有利于培养积极向上的精神追求，使自己保持愉快的心情、旺盛的精力、健康的体魄。

3. 勇于接触陌生人

老年人移居到陌生的环境，要面对现实，大胆走出家门，主动与人交往，多关心帮助他人，建立新的人脉，尽快融入新的环境之中。多结交各方面的朋友，特别是忘年交朋友。必须有几个铁哥们儿或铁姐们儿。多欣赏、赞美别人，取人之长补己之短，不断提高自身素质。学会敞开心胸，多和朋友交流，有助于排解心中的苦闷。

4. 结交爱侣

失偶或离异老人，如果能找到自己喜欢的伴侣，重组家庭，让爱情滋润心田，也是排解孤独的好办法。再婚对老年人来说，不仅在生活上可以互相照顾、互相扶持，更重要的是在精神上的互相沟通和慰藉，这样在心理上能达到平衡，精神上也可以放松，使老人愉快地度过幸福的晚年。但再婚一定要考虑周全。

5. 专业的训练方法

(1) 自我暴露。自我暴露这个概念是由焦若德(Jourard)在1958年提出来的，其含义是指把个人的有关信息讲出来，使别人知道这样一个过程。孤独心态的老人往往自我封闭，在行为上表现为将自己与外界隔绝开来，很少有社交活动，除必要的生活以外，大部分时间把自己关在家里，不愿与他人来往；在心理上表现为把自己的真实想法、情感、欲望掩盖起来，不愿暴露自己的内心，不愿与他人进行沟通和交谈。严重孤独心态的人，对任何人都不信任，怀有很深的戒备。一旦孤独者把他的内心暴露给他人，其孤独感将会在这种自我暴露中获得减轻。因此,孤独心态的老年人,首要任务是有意识地把自己的感受、想法讲出来,破除封闭心理,最初可以讲给家人听,进而扩展到亲朋好友和同学、同事甚至陌生人。

(2)自信训练。自我评价过低是孤独心态产生的重要原因之一,因此,要消除孤独感就要提高自信心。自信是一个人对自己的积极感受,而自卑是一种自己对自己的消极心态。自信是一种重要的心理品质,是心理是否健康的标准之一。在社会交往中,有的人缩手缩脚,难以启齿;有的人受到他人的侵犯而不善于表达自己的愤怒;有的人不会表达自己的好感;有的人很难对其他人说不,对他人的意见总是表示同意;有的人过分礼貌,以致让人难以忍受。这类行为产生的原因主要是缺乏表达自我的信心和技能,而且在过去的生活经历中由于不断强化而产生了焦虑和恐惧。这类行为通过自信训练可以收到良好的效果。老年人通过训练,能够表达或敢于表达自己的正当要求和意见,表达自己内心的情感体验。

五、老年多疑心态及调整

(一) 多疑心态

多疑是指神经过敏、疑神疑鬼的消极心态。老人多疑是很常见的心理变化。因为随着年龄的增长,老人的心思会变得比较细腻,想的事情比较多;或者是缺乏安全感,会怀疑周围的环境;或者是平时的压力比较大,又由于年龄增加,对很多事情力不从心,产生自我怀疑及自我否定。

具有多疑心态的人往往带着固有的成见，通过“想象”把生活中发生的无关事件凑合在一起，或者无中生有地制造出某些事件来证实自己的成见，于是就把别人无意的行为表现，误解为对自己怀有敌意，没有足够依据就怀疑别人对自己进行了欺骗、伤害、暗算，要弄阴谋诡计，甚至把别人的善意曲解为恶意，以致与人隔阂，在人际交往中自筑鸿沟，严重时还有可能反目成仇。

老人多疑，可能由三方面原因造成。一是生理的原因。年龄大了，视力和听力也渐渐下降，这时候，老人听的看的不如以前多，也没那么准确，因此容易多疑。二是人际交往的原因。退休之后，在社会中的角色也变化了。从前工作中会接触很多人，现在接触得少，如果老年人心态调整得不好，容易觉得自己“没用了”，慢慢开始多疑。三是身体老化的原因。随着年龄越来越大，性格方面的一些特点会变得明显。可能年轻的时候比较多心，到了老年就容易变为多疑。

（二）多疑心态的调整

1. 保持清醒头脑

现实生活中，许多猜疑戳穿之后是很可笑的，但在戳穿之前，由于消极的自我暗示心理作祟，猜疑者却觉得事情顺理成章。保持冷静、客观的态度观察、分析和思考问题，是消除猜疑的途径之一。老年人要注意在观察时放弃假定，以防止先入为主的假定产生心理定式。

2. 向朋友求助

结交知音，经常谈心，朋友是最好的心理医生。老年人难免会遇到一些不愉快的事，常对知音好友宣泄郁闷，互相安慰，交流沟通，有助于心情舒畅，能对保持心理平衡起到重要的作用。俗话说："当局者迷，旁观者清。"遇到自己解不开的疑心疙瘩，找自己信得过的好朋友说说，可以受到他们的启发和开导，帮助老年人消除一些疑虑。

3. 多参加一些积极向上的活动

老年人退休后参加力所能及的工作或社会活动，能走出个人的狭隘天地，使精神生活充实，从而少生一些无谓的闲愁、无聊的疑虑。人越是清闲无聊，越容易生心病。

4. 及时开诚布公

猜疑往往是彼此缺乏交流、人为设置心理屏障的结果，也可能是误会或别人搬弄口舌的结果。明白此理，老年人就应当通过适当的方式，同被疑者进行开诚布公、推心置腹的交谈。相反，如果你能诚恳相告，对方未必认为这是你对他的不信任，他甚至能从你的一片诚意中，进一步看出你对他的信赖，从而冰释前嫌，越发敬重你。而你如果把疑心紧锁胸中，则只会加深矛盾，恶化相互间的感情。

5. 坚持锻炼身体

运动不仅能强身健体，提高抗病能力，而且能增进心理健康。"健康的心理寓于健康的身体"。所以，老年人要选择适合自己身体状况的运动并坚持锻炼身体。

6. 有病及时就医

“六十岁前人找病，六十岁后病找人。”人上了年纪，身体机能衰退，多种疾病都会找上门来，这是无法抗拒的自然规律。因此老年人要想得开些，主动体检，有病及时医治。

7. 培养情趣爱好

养鱼、种花等可使精神有所寄托，从而忘记忧愁与烦恼。老年人对书法、音乐、绘画等艺术的爱好，能够陶冶情操，使情绪平静，有益于身心健康。自寻其乐，乐在其中，在充满乐趣的生活中颐养天年。

六、老年忧郁心态及调整

（一）忧郁心态

老年人忧郁心态和退休、离休后无所事事、子女不在身边陪伴等有很大的关系。忧郁情绪是一种过度忧愁和伤感的情绪体验，一般表现为情绪低落、心境悲观、郁郁寡欢、思维迟缓、意志减退、行动迟钝等，严重的还会发展为抑郁症。很多老年人随着身体的逐渐老化，各种疾病会增多，患有不同程度的慢性疾病。尤其身体疾病导致行动不便时，消极感会更加严重，长此以往就会产生忧郁情绪。

除了疾病的原因，还有很多原因导致老年人出现忧郁情绪。比如社会角色的转变，原本在单位任高职，因退休回家后无所事事，以致出现一段时间的适应性障碍；还有的老年人，随着年龄的增长，身边的亲朋好友相继去世，这可能会加重他们对死亡的恐惧感。对于原先性格内向、老年期缺乏社会支持和经济支持的人来说，更容易产生忧郁等消极情绪。空巢、独居老人是忧郁心态的高发人群。

（二）忧郁心态的调整

1. 正确面对退休

退休是一个正常的且不能避免的过程，从忙碌且规律的职业生活中退出，转而过着悠闲、无规律的老年生活，是一种生活方式的改变，更是社会角色的转变。对于一部分事业心很强的老人来说，可能会在一段时间内难以接受这样的事实。但是，正所谓"活到老学到老"，可以根据自己的兴趣爱好参加一些文化活动，如阅读、音乐、舞蹈、书法、园艺、棋类等，既丰富精神生活，又陶冶情操，更能减少孤独、空虚感。

2. 自我养生调身体

每天合理饮食、合理运动。对于长期吸烟、饮酒的老年人，应逐渐减量，最终戒断，有利于保护脑神经；定期去医院体检；家属耐心倾听老人对自己心情和病情的叙述，使他们有安全感，以消除负面情绪对身体的影响，提高老人的免疫力。

3. 学会自我欣赏

老人要学会自己欣赏自己。年轻时已经为家庭和社会做了应有的贡献，老了仍能够老有所为，健康快乐地生活也是对家庭和社会的贡献。不必自卑，不必沮丧，要看到自己的长处和优势，充满自信地愉快生活，笑对人生。

4. 正确对待生与死

无论医学在延缓衰老方面的研究有多么大的突破，生理的衰老依旧是无法避免的。对身体过分担忧的老人，可以到正规医院做必要的检查，以消除焦虑感和紧张感。老年期虽然在生理上是一个衰退的过程，但是心理上可以继续蓬勃发展，只要保持年轻的心态，就会拥有一个幸福的晚年生活。

小结

衰老是不以人的意志为转移的客观规律，老年人必须在心理上认识和接受这个事实，提早做好心理准备，制订好合适可行的活动计划，调整好自己的心态，重新安排自己的工作、学习和生活，做到老有所为、老有所学、老有所乐。坚定美好的生活信念，将退休生活视为另一种绚丽人生的开始。

医学证明，良好的情绪和心态可以减少 76%的患病概率。也就是说，心理健康是幸福生活的基础，离退休老人要适时地调适自己的不良心态，减少心理压力，做到心情平稳合理，正确对待老年生活。老人若出现身体不适，心情不佳、情绪低落时，应该主动寻求帮助，不要讳疾忌医。这样才能做到年高而不老、寿高而不衰，拥有高质量的晚年生活。

第六篇　老年心理测试及建议

学习目标

1. 了解心理评估对生活的意义。
2. 熟悉心理测量的基本方法。
3. 掌握心理评估的主要方法。

// 案例导入

求助者，男性，57岁，已婚，大学文化。自诉自己是家里唯一的男孩，从小父母对自己的身体健康很是重视。两年前，自己发现一个下属总是捶右腹部，就关心地建议他到医院去检查，没想到下属患了肝癌，不到半年就去世了。自己当时很是震惊。自此以后，有时候右腹部也会不舒服，联想到下属，自己很害怕，因为自己应酬较多，喝酒也多，也明白喝酒会伤肝，可为了应酬，为了工作，又不能不喝。想到自己的下属不喝酒还得了肝癌，自己喝酒，肝能好得了吗？越想越烦，越想越害怕。有时觉得自己也得了肝癌，就到医院去检查，但查来查去，都说没什么问题。北京的大医院基本上都去过了，可就是没人能查出病来。和朋友一说起这事，他们就说他是杞人忧天。他自己也觉得自己有些杞人忧天，但就是想想就烦，这两年心情一直不好。

原来自己有希望争一下更高一级的职位，现在什么都不想了，有时连班都懒得上，晚上经常失眠，要靠安眠药才能勉强睡会儿。并且经常感到头、胸、肩等部位疼痛，医生开了很多药物，却没有很好的疗效。

// 心理提示

多疑、敏感、孤僻的性格会使个体在受挫时将注意力投向自身，对身体微弱的不适就大惊小怪、痛苦不安，进而折腾于各大医院，对个体健康快乐的夕阳生活带来极不和谐的音符。

日常生活中，人们每时每刻都在按照一定的规则对客观事物或事物发展进行权衡、度量。评估广泛地应用于心理学、医学、司法、教育、人力资源开发等领域。通过心理评估，对认知、情绪、行为和人格进行准确的勾画，对个体的心理特性做一个定量、定性的描述，帮助人们认清自己的心理优势，发现存在的不足，为个体的职业选择、人才的选拔、心理健康状况评估、心理疾病的疗效鉴定、心理诊断等提供一定的参考依据，方便及时调整或矫正，以帮助个体达到身心平衡状态，提高个体的生活质量。

心理测验是生活中最常用、最重要的心理评估方法，也是心理特性可以被数量化的一种心理评估。心理测验是一种依据心理学原理和技术，以客观的、标准化的程序对人的心理现象或行为进行数量化的测量和确定，以判定个体心理差异的方法。标准化心理测验是指通过一套标准程序建立测验内容，制定评分标准，固定实施方法，而且具备主要的心理测量学技术指标的测验。

现有的心理测验量表种类繁多，根据评估的主要内容，心理测验可以分为智力测验、人格测验、行为功能测验、情绪障碍评定测验、人际关系评定测验、精神状况评定测验等。下面结合老年人的特点，介绍几种常用的、简单的心理测试，以帮助老年朋友们了解自己的心理品质，及时做出调整和矫正，以提高自己的生活质量。

一、老年心理衰老测试及建议

生老病死是生命的客观规律，自古以来，谁也逃不脱这个自然法则。人老不可怕，怕的是人未老心已老或人老心亦老。丧失自我价值、老而无用的颓废心理是不健康的思想，会导致个体的活动意愿及活动能力下降，从而加速个体的衰老。

（一）心理衰老度测试

有些人虽已年逾古稀，却依旧耳聪目明，老当益壮。相反，我们也能常见到一些人未老心先衰的情况。确定一个人是否已进入老年，除了年龄外，还要从其生理心理方面来全面评估。下面的问卷可帮助老年人评估自己的心理衰老程度，有兴趣的老人不妨结合自己的情况测一测。

心理衰老度测试问卷

1. 经常发生胆怯和害怕。

A. 是　　　　B. 否

2. 他人犯错自己也会感到惴惴不安。

A. 是　　　　B. 否

3. 自己稍微受到冒犯,立刻就怒火万丈。

A. 是　　　　B. 否

4. 对他人向自己求助,时常感到心烦。

A. 是　　　　B. 否

5. 经常莫名其妙地感到心神不定。

A. 是　　　　B. 否

6. 脾气越来越暴躁。

A. 是　　　　B. 否

7. 见到陌生人会感到不自在,手足无措。

A. 是　　　　B. 否

8. 不能宽容地对待他人(包括至爱亲朋)。

A. 是　　　　B. 否

9. 感情容易冲动,动不动就想发火。

A. 是　　　　B. 否

10. 有时会有生不如死,活着很没意思的感觉。

A. 是　　　　B. 否

11. 遇事举棋不定,犹豫不决。

A. 是　　　　B. 否

12. 身边无熟人时会感到恐惧不安。

A. 是　　　　B. 否

13. 做事一意孤行，听不得别人的意见。

A. 是　　　　B. 否

14. 经常愁眉紧锁，忧心忡忡。

A. 是　　　　B. 否

15. 时常害怕孤独，希望有人陪伴身边。

A. 是　　　　B. 否

16. 在亲朋好友家吃饭也会感到别扭不自在。

A. 是　　　　B. 否

17. 遇到紧急事情时，头脑会一片混乱。

A. 是　　　　B. 否

18. 常不自觉地想起已故的亲朋好友。

A. 是　　　　B. 否

19. 情感脆弱，经常哭泣。

A. 是　　　　B. 否

20. 曾去过精神科门诊。

A. 是　　　　B. 否

评分规则：每道题后有两个选项，选 A 得 1 分，选 B 得 0 分。最后计算出 20 道题的总分。

测试报告：得分大于 15，说明心理已极度衰老了，失去了年轻时的闯劲和对事物的好奇心，做事会时常显得犹豫不决，前怕狼后怕虎，妨碍了自己某些能力的发挥，也失去了人生的一些机会，应注意培养自己拥有“烈士暮年,壮心不已”的心态,利用自己所长,积极地发挥自己的价值;得分大于8小于15,说明心理较衰老;得分小于8,说明个体心理未衰老,依然保持着年轻时的心态,自信,有追求,有想法,敢于尝试,值得别人学习。

(二)心理年龄自我测试

衰老有两重含义,一是指身体上的衰老,二是指心理上的衰老。心若年轻,则岁月不老,心理上的衰老比生理上的衰老更加可怕。你害怕衰老吗?你的心理是否衰老了呢?你是否觉得自己行将就木,老而无用呢?你是否拥有一颗“老骥伏枥,志在千里;烈士暮年,壮心不已”的雄心壮志呢?下面这个测试可以帮助老年朋友了解一下自己的心理年龄。

心理年龄测试问卷

1. 下决心做某事后也不会马上去做。

A. 是　　B. 否

2. 往往凭经验办事。

A. 是　　B. 否

3. 对任何事情都没有探索的欲望。

A. 是　　B. 否

4. 说话比较慢而且啰嗦。

A. 是　　B. 否

5. 健忘。

A. 是　　B. 否

6. 怕烦心，怕做事，不想活动。

A. 是　　　B. 否

7. 喜欢斤斤计较日常小事。

A. 是　　　B. 否

8. 越来越固执，听不进别人意见。

A. 是　　　B. 否

9. 对什么事情都缺少兴趣。

A. 是　　　B. 否

10. 对生活没有任何追求。

A. 是　　　B. 否

11. 情绪稳定，易于控制感情。

A. 是　　　B. 否

12. 容易嫉妒别人，易悲伤。

A. 是　　　B. 否

13. 见到不合理的事不那么气愤了。

A. 是　　　B. 否

14. 不喜欢看言情小说了。

A. 是　　　B. 否

15. 对电影和爱情小说日益失去兴趣。

A. 是　　　B. 否

16. 做事情缺乏持久性。

A. 是　　　B. 否

17. 不愿意改变旧习惯。

A. 是　　　　B. 否

18. 喜欢回忆过去的生活。

A. 是　　　　B. 否

19. 学习新鲜事物感到困难。

A. 是　　　　B. 否

20. 十分注意自己身体的变化。

A. 是　　　　B. 否

21. 生活兴趣的范围变小了。

A. 是　　　　B. 否

22. 看书的速度加快。

A. 是　　　　B. 否

23. 动作不够灵活。

A. 是　　　　B. 否

24. 消除疲劳感很慢。

A. 是　　　　B. 否

25. 晚上不如早晨和上午头脑清醒。

A. 是　　　　B. 否

26. 对生活中的挫折感到烦恼。

A. 是　　　　B. 否

27. 缺乏自信心。

A. 是　　　　B. 否

28. 集中精力思考有困难。

A. 是　　　B. 否

29. 工作效率低。

A. 是　　　B. 否

评分规则:上述试题,每个题目后面有两个选项。4 题、5 题、6 题、19 题,选"是"每题得 2 分,选"否"得 0 分,其余各题选"是"每题得 1 分,选"否"得 0 分。

测试报告:分数越高,说明心理年龄越大;分数越低,说明心理年龄越小;分数在 20 以上,说明心理衰老比较严重。

（三）克服衰老心理的建议

衰老是自然规律,人人无法抗拒。但人们可以通过自身的努力,在一定范围和时间控制、延缓衰老。老年人可以从以下几个方面加以注意。

1. 保持心态年轻

研究发现,不良心理对寿命和健康的危害相当严重。许多人五六十岁就感叹"韶华已过",过了古稀之年则认为"人寿将尽",这实际上成为促使自我衰老的重要因素。建议老年人要树立老骥伏枥,壮心不已,积极发挥余热的心态,相信自己的能力和智慧,要跳出人为的衰老圈子,保持身心的正常活动,以旺盛的生命力,投身到现实生活中去,积极参加社会活动和体育活动,结交年轻朋友,以接受青春活力的感染。保持愉快的情绪,脱离孤僻的生活环境,释放自己的夕阳美。

2. 坚持锻炼

锻炼身体有很多好处。首先，锻炼可以刺激多种大脑化学物质产生，这些化学物质让人感到轻松快乐，摆脱心灵的沉闷抑郁。其次，经常锻炼能让心脏和肺功能得到加强，控制体重，抗击慢性疾病，防止高血压、心脑血管疾病的产生。强壮的身体素质，会让人精神振奋，心情愉快，提高信心，激发活力和斗志，焕发自己的第二青春。需要注意的是，老年人应选择适合自己的锻炼方式，像散步、游泳、打太极拳等舒缓的有氧运动就比较适合；锻炼时间不宜太长，20~30 分钟为宜；锻炼强度应根据自己的身体状况，以锻炼后身体微微出汗为宜。

3. 生活习惯要讲究

在人生命的进程中，有很多因素在影响着机体的衰老。如睡眠状况，吸烟、酗酒、高脂饮食、不爱活动等不良的嗜好和生活习惯，都会加速人的衰老。对于年逾花甲的老人，更应该主动消除生活中引起衰老的因素，以减缓衰老的速度。要养成按时睡觉不熬夜的习惯，一日三餐要定时定量，一顿饭不要吃太多，尤其不要摄入过多油腻的食物，而应多吃富含膳食纤维的蔬菜和水果。武汉市中心医院营养科专家曾建议 60 岁以上的人饮食应该多样化，要荤素搭配，保证每日膳食都有谷类、蔬菜、水果、奶豆类、鱼肉类等五大类食物，每天应摄入 120 克肉类为宜，并适当增加粗杂粮和薯类的摄入量。

4. 勤学习，多用脑

大脑的功能是“用则进，废则退”，越用越灵，长期不用会“生锈”。因此步入老年、退休在家的老人最主要的心理准备就是重新学习，积极地锻炼大脑，要“活到老，学到老”，以延缓大脑的衰老。研究表明，勤学好思、笔耕不辍的人，经常读书看报、吟诗作画、下棋练舞的人，脑内的血液循环较好，可以延缓大脑细胞的衰老和死亡。尤其读书看报是一种涉及全身多个器官、组织的活动，它不仅要有视觉和其他感觉的参与，更重要的是涉及大脑的反射意向活动，促进记忆，可以获取新知识、新信息，对于防治老年痴呆有非常积极的意义。此外，参加老年大学或社区团体活动，培养一份新的爱好，努力学习一些新的知识；经常接触新鲜事物等，这些都有助于延缓大脑的衰老。

二、老年性格类型测试及建议

美国著名人际关系学大师戴尔·卡耐基曾经说过，生活的成功、快乐与否，完全取决于人对人、事、物的看法如何，美好的人生取决于成功的性格，而人的性格往往不经意地表现在日常对衣、食、住、行的喜好和一些小动作上。人生旅途中，你会以怎样的眼光、怎样的视角来看待身边发生的一切，进而做出你的处理和应对，这都和你的性格息息相关。了解自己，认识自己，学会适当地调节自己，这将为生活增添愉快色彩，也有助于维护身体健康。

（一）乐观性格测试

一缕阳光从天上照下来，总有照不到的地方。如果一直盯着黑暗的地方看，就会内心黑暗，充满报怨和绝望；如果心有阳光，乐观开朗，生活就充满了温暖和幸福。了解自己，适当地调节自己的性格，学会发现生活中的美好，将会为您的健康愉快的生活增添亮丽的色彩。下面的测试问卷可以帮助您了解自己的性格。

乐观性格测试问卷

1. 如果半夜听到敲门声，你会认为那是麻烦吗？

A. 是　　B. 否

2. 你会随身带安全别针或别的东西以防衣服破损吗？

A. 是　　B. 否

3. 你跟人打过赌吗？

A. 是　　B. 否

4. 你曾梦想中个大奖或捡到一大笔钱吗？

A. 是　　B. 否

5. 出门的时候，你经常带一把伞吗？

A. 是　　B. 否

6. 你会把收入的大部分都用来买保险吗？

A. 是　　B. 否

7. 你会事先没有预定旅店就出门度假吗？

A. 是　　B. 否

8. 你觉得大部分人都是诚实的吗?

A. 是　　B. 否

9. 把家门钥匙长时间放在邻居家,你会将贵重物品锁起来吗?

A. 是　　B. 否

10. 对新计划你总是非常热衷的吗?

A. 是　　B. 否

11. 当朋友表示一定会还钱时,你会借钱给他吗?

A. 是　　B. 否

12. 与小孙子约定去野餐,结果下雨了,你会照原计划出发吗?

A. 是　　B. 否

13. 一般情况下,你会信任别人吗?

A. 是　　B. 否

14. 如果有重要约会,你会提早出门,以防堵车等意外发生吗?

A. 是　　B. 否

15. 如果医生叫你做一次身体检查,你会怀疑自己有病吗?

A. 是　　B. 否

16. 早上起床时,你是否觉得美好的一天又开始了?

A. 是　　B. 否

17. 出乎意料地收到子女的来信或者包裹,你会特别开心吗?

A. 是　　B. 否

18. 你认为年纪大了就应该好好享受,不要顾虑太多吗?

A. 是　　B. 否

19. 上飞机前你会买旅行保险吗？

A. 是　　B. 否

20. 你对未来的一年都充满希望吗？

A. 是　　B. 否

计分方法：以上试题答案凡是符合标准答案的，每题计一分，不符合标准答案的每题不计分。应该答“是”的题目有：4,7,8,11,13,16,17,18,20；应该答“否”的有：1,2,3,5,6,9,10,12,14,15,19。将每题所得分数相加，根据总分，判断一下你到底属于乐观型还是属于悲观型。

测试报告：7分以下，你是一个标准的悲观主义者，年龄对你的影响极大，你害怕继续变老，遇事容易往坏的方面想。你为人比较理性，总以为看透了人生，容易关注生活中不好的信息，内心安全感不足，思来想去让自己感觉心力交瘁。为了避免失败，减少不安，不愿尝试新的事物，因而也失去了许多机会。需要注意的是，以悲观的态度面对生活，会让你觉得人生更加灰暗，更加无法接受。你会随时担心失败，随时处于焦虑不安的状态，随时处于沮丧、挫败的状态，这不利于个体健康的维护。

8~14分，你对人生的态度比较正常，可以正确地看待年龄问题，是一个比较简单、容易满足的人，对待生活不会想太远，不会想太多，也没什么心眼儿，不会和人计较，遇事不钻牛角尖，能够自得其乐。遇到困难时，你认为日子虽难但总要过下去，容易找到生存的方法。

15~20分，你是一个标准的乐观主义者，从容自信，处变不惊，你认为年龄增长是你的财富。你看人生总是看到好的一面，对生活中的困难具有很强的免疫力，挫败和困难对你的影响较小，你很容易跟周围人保持融洽的关系，家庭生活比较幸福。不过要记住，有时候过分乐观也会造成你对事情掉以轻心，反而误事。

（二）内外向性格的测试

有的人的性格有助于家庭的和谐团结，有的人的性格有利于结交朋友；有的人的性格更适合出谋划策，运筹帷幄。了解自己的性格，扬长避短，选择最适合自己性格特长的事情去做，生活会顺利很多。以下性格测试问卷可以帮助你了解自己的性格，认识到自己性格的缺陷。

内外向性格测试问卷

1. 与观点不同的人也能保持友好关系。

A. 是　　　　B. 否

2. 读书速度较慢，力求完全看懂。

A. 是　　　　B. 否

3. 你办事干脆利索但较马虎。

A. 是　　　　B. 否

4. 你经常自我反省，分析自己。

A. 是　　　　B. 否

5. 当你生气时，会不加控制地发泄愤怒。

A. 是　　　　B. 否

6. 在人多的场合你不喜欢引起别人的注意。

A. 是　　　　B. 否

7. 从不制订几年后的生活计划。

A. 是　　　　B. 否

8. 你待人处事总是小心翼翼。

A. 是　　　　B. 否

9. 你从年轻到现在都是个不拘小节的人。

A. 是　　　　B. 否

10. 随着年纪增大,你疑心病越来越重,常无端猜疑别人。

A. 是　　　　B. 否

11. 你乐意从事领导工作。

A. 是　　　　B. 否

12. 你从不在人多的场合高谈阔论。

A. 是　　　　B. 否

13. 你喜欢听别人说你自己好的话,那样你会感觉很开心。

A. 是　　　　B. 否

14. 你喜欢过悠闲自得、平静的生活。

A. 是　　　　B. 否

15. 你讨厌写回忆录或日记。

A. 是　　　　B. 否

16. 你常常回忆过去的生活。

A. 是　　　　B. 否

17. 你喜欢不停地变换业余爱好。

A. 是　　　　B. 否

18. 你常独自一人陷入对某一事物的回想中。

A. 是　　　　B. 否

19. 你热衷于参加集体活动,退休后更加喜爱。

A. 是　　　　B. 否

20. 周围若有说话声或收音机声,你就无法静下来读书学习。

A. 是　　　　B. 否

21. 你对金钱从不过于精打细算。

A. 是　　　　B. 否

22. 房间里乱成一团,你就静不下心来。

A. 是　　　　B. 否

23. 你对待生活的态度非常乐观。

A. 是　　　　B. 否

24. 你喜欢独自一人待在房间里边休息。

A. 是　　　　B. 否

25. 你从不逃避麻烦的事情。

A. 是　　　　B. 否

26. 你很在意别人对你的看法。

A. 是　　　　B. 否

27. 你从不主动制订每天的计划。

A. 是　　　　B. 否

28. 你常感到自卑。

A. 是　　　　B. 否

29. 你经常变换自己的观点和看法。

A. 是　　　　B. 否

30. 你很注意交通安全。

A. 是　　　　B. 否

31. 你守不住秘密,总想对人说出来。

A. 是　　　　B. 否

32. 你总是三思而后行。

A. 是　　　　B. 否

33. 你不太在意穿着打扮,因为你觉得年龄大的人穿什么都可以,只要整齐耐穿就行。

A. 是　　　　B. 否

34. 工作劳动时不喜欢有人在旁边观看。

A. 是　　　　B. 否

35. 和邻居的一位老人在一块儿聊天时,基本上都是你说他听。

A. 是　　　　B. 否

36. 你总是独立地思考后回答问题。

A. 是　　　　B. 否

37. 你的情绪容易波动,很不稳定。

A. 是　　　　B. 否

38. 你不会轻易相信一个陌生人。

A. 是　　　　B. 否

39. 你喜欢向年轻人请教新问题。

A. 是　　　　B. 否

40. 你不善于结交新朋友。

A. 是　　　　B. 否

41. 你语言表达能力很强,常侃侃而谈。

A. 是　　　　B. 否

42. 你在交际场合喜欢保持沉默。

A. 是　　　　B. 否

43. 比起读小说和看电影,你更喜欢旅游和跳舞。

A. 是　　　　B. 否

44. 你不喜欢和陌生人打交道。

A. 是　　　　B. 否

45. 你认为实践比探索真理更重要。

A. 是　　　　B. 否

46. 你忘不了自己的失败经历。

A. 是　　　　B. 否

47. 你能很快地适应新环境。

A. 是　　　　B. 否

48. 你很在意同伴们的成就。

A. 是　　　　B. 否

49. 你常过高地估计自己的能力。

A. 是　　　B. 否

50. 你在购物时常拿不定主意。

A. 是　　　B. 否

计分方法：凡符合标准答案的每题计1分，不符合答案的计0分。选“是”的题目有：1，3，5，7，9，11，13，15，17，19，21，23，25，27，29，31，33，35，37，39，41，43，45，47，49。选“否”的题目有：2，4，6，8，10，12，14，16，18，20，22，24，26，28，30，32，34，36，38，40，42，44，46，48，50。

测试报告：总分20分以下，为内向性格。平时沉默寡言，谨慎消极，性格孤僻，不善于与人交往，适应环境能力较差，为人清高，注重规矩，沉着稳重，做事善于思考，观察细致，感情细腻，处事小心谨慎。总分在40分以上为外向性格。爽朗积极，能言善辩；为人宽宏大度，不拘小节，亲和力强，活泼开朗，爱好社交；做事雷厉风行，比较果断，遇事比较自信，但做事比较浮躁，马虎，可能有点过高地估计自己。

（三）优化老人性格建议

现代医学研究表明，性格对人体健康有着不可忽视的影响。时间观念强，做事常有一种紧迫感，办事匆匆忙忙，风风火火，缺乏耐心，脾气急躁，竞争意识浓，经常争强好胜，目标远大，雄心勃勃，嫉妒心严重，敌意感强，有很强控制欲人的A型性格者，易患高血压、冠心病，相反从容安逸、淡泊名利、按部就班的生活者，比较不容易患心脏病；日常生活中谨小慎微，总怕得罪别人，与人过分合作，尽量回避冲突，不敢表达负性情绪的C型性格又称癌症性格，得癌症的概率比较高；而具有被动、顺从、压抑愤怒、缺少与人交往、情绪不稳定，遇事过分思虑等性格特征的人易患溃疡病。

这就提醒老年人在生活中应积极努力完善自己的性格，克服和扭转自己的性格缺陷，以达到防病健身、延年益寿的目的。那么老年人应如何优化自己的性格呢？

1. 学会自我满足，遇事不钻牛角尖儿

老年人常闷闷不乐的主要原因之一就是总拿自己的不足去比别人的优点，比名利的大小、地位的高低、钱财的多寡，越比越伤感，越比越自卑。进入老年，应学会自我满足，培养豁达乐观的性格，不去攀比，对权势尊卑或对人事浮沉，都淡然处之，宠辱不惊，得之不喜，失之不悲，闲看庭前花开花落，漫随天外云卷云舒，对不利己的事也不必耿耿于怀，斤斤计较，“凡事顺其自然，遇事处之泰然，得意时淡然，失意时坦然”，要善于发现自己的优点，欣赏自己的优点。

2. 培养广泛的兴趣爱好

有益的文化娱乐活动，可以忘掉孤独，摆脱寂寞，增进身心健康。老年人可以通过培养广泛的兴趣爱好来填补自己的空闲时间，让自己的日常生活充实起来。有空时读读文学名著，欣赏美术作品，下下棋，养养花，练练书法，听听音乐，打打羽毛球，晚上一家人一起看看电视，聊聊天，让每天的生活充实起来。通过培养兴趣爱好，陶冶情操，优化自己的性格。

3. 培养良好的心态

(1)心存善良。心存善良就会以他人之乐为乐，乐于与人为善，扶贫帮困，与人能友好相处，心中就常有愉悦之感；心存善良，就会光明磊落，乐于对人敞开心扉，心中就常有轻松之感。总之，心存善良的人，会始终保持泰然自若的心理状态，这种心理状态能把血液的流量和神经细胞的兴奋度调至最佳状态，从而提高机体的抗病能力。

(2)学会宽容。宽容是一种良好的心理品质。它不仅包含着理解和原谅，更显示着气度和胸襟、坚强和力量。人在社会交往中，吃亏、被误解、受委屈的事总是不可避免地会发生。面对这些，最明智的选择是学会宽容。学会宽容就会严于律己，宽以待人，这就等于给自己的心理安上了调节阀。

(3)保持乐观。乐观是一种积极向上的性格和心境。它可以激发人的活力和潜力，解决矛盾，逾越困难；而悲观则是一种消极颓废的性格和心境，它使人悲伤、烦恼、痛苦，在困难面前一筹莫展，影响身心健康。

(4)学会淡泊。著名作家冰心认为“人到无求品自高”。淡泊是一种崇高的境界和心态，是对人生追求在深层次上的定位。有了淡泊的心态，对权势尊卑或对人事浮沉，都淡然处之，宠辱不惊；对身外之物不会得而大喜，失而大悲；就不会对世事、他人牢骚满腹，攀比嫉妒；对不利己的事不会耿耿于怀，斤斤计较。淡泊的心态使人始终处于平和的状态，保持一颗平常心，一切有损身心健康的因素，都将被击退。

三、老年承受能力测试及建议

个体的承受能力是一种很重要的个性心理品质，是决定一个人成就大小的重要因素。生活在错综复杂、矛盾丛生、竞争激烈的现代人，不可能总是一帆风顺，人生旅途中免不了会遇到一些困难、麻烦、危险，甚至失败。面对逆境，心理承受能力差的人，在遇到上述问题时就会心绪不宁、思维混乱，导致极端行为；而具有良好心理承受能力的人就能够冷静沉着，积极应对，轻松地应付外部环境的冲击，活出精彩。

（一）承受能力测试

个体的承受能力是一种很重要的个性心理品质，是决定一个人成就大小的重要因素。面对困境，你的承受能力属于哪一种呢？下面来测一下。

承受能力测试问卷

1. 你认为自己是一个弱者吗？

A. 是　　　　B. 否

2. 你喜欢冒险和刺激吗？

A. 是　　　　B. 否

3. 你生活在一个快乐温暖的家庭吗？

A. 是　　　　B. 否

4. 你是否认为你自己承受的挫折和别人相比根本不算什么。

A. 是　　　　B. 否

5. 你常认为家人很需要你吗?

A. 是　　　　B. 否

6. 晚睡两个小时,你第二天明显的精神不振吗?

A. 是　　　　B. 否

7. 看完惊险片后,很长一段时间你一直心有余悸吗?

A. 是　　　　B. 否

8. 你常常觉得生活很累吗?

A. 是　　　　B. 否

9. 你是否有一些无话不谈的知心朋友?

A. 是　　　　B. 否

10. 你认为自己健壮吗?

A. 是　　　　B. 否

11. 与别人闹矛盾后,你一直无法消除相处的尴尬吗?

A. 是　　　　B. 否

12. 大部分时间你都对未来充满了信心吗?

A. 是　　　　B. 否

13. 每到一个新地方,你总是会出现问题,比如难受、睡不着?

A. 是　　　　B. 否

14. 遇到困难你还是相信终将会过去的吗?

A. 是　　　　B. 否

15. 你常常因为琐碎的小事躺在床上不能入睡吗?

A. 是　　　　B. 否

16. 你觉得自己有一些神经衰弱吗?

A. 是　　　　B. 否

17. 心情不好时你的饭量与平时差不多吗?

A. 是　　　　B. 否

18. 看到蚯蚓、蛇等讨厌的东西,你感到害怕吗?

A. 是　　　　B. 否

19. 你相信自己一定能够解决眼前的麻烦吗?

A. 是　　　　B. 否

20. 你是否常常与别人交流看法?

A. 是　　　　B. 否

计分方法:以上试题答案凡是符合标准答案的,每题计一分,不符合标准答案的每题不计分。应该答“是”的题目有:2,3,4,5,9,10,12,14,17,19,20;应该答“否”的有:1,6,7,8,11,13,15,16,18。

测试报告:7分以下,你的心理承受能力较差,遇到困难容易灰心丧气,一蹶不振,常有挫败感。15分以上,你的心理承受能力很强,自信、顽强,能够承受生活中的各种压力和挑战,能在各种困难面前保持旺盛的斗志。

（二）提高承受能力建议

生活在错综复杂、矛盾丛生的社会的现代人，每个人都在负重前行。不管是生活中，还是工作中，我们都会经历一帆风顺的美好时光，也会遭遇很多意想不到的挫折和打击。面对压力挫折，有的人心情沉闷，郁郁寡欢，失去了斗志；有的人则是接受现实，冷静沉着，积极应对，活出精彩。

老年人因为空余时间增多、空虚寂寞，容易敏感多疑，胡思乱想；再加上体弱多病和周围同龄人病故的影响，面临的心理冲击很大。如果老年人的心理承受能力较差，就会心绪杂乱，内心痛苦，严重时会产生心理危机，诱发心理疾病，导致极端行为的发生。所以日常生活中，老年人应积极提升自己的挫折承受力，以应对生活中的沟沟坎坎。

1. 培养自己乐观豁达的性格

研究发现，不同的性格在面对压力的时候，表现有很大的不同。性格开朗乐观，为人热情，不拘小节，在遇到不开心的事情时，更愿意和家人、朋友交流，倾诉自己不愉快的感受。这样不仅可以获得他人情感上的支持，还可以获得足够多的克服困境的心理能量和动力。而且通过与他人交流，他们也有机会扩展自己看问题的视角，借助他人的智慧，掌握更多解决现实问题的能力和方法。

2. 以客观、发展的眼光对待挫折

人生旅途中，每一个人都会有不顺心的时候。面对挫折，接纳它时，挫折和困境就只是一个待解决的问题，是提供我们经验和能力的一次锻炼，是帮助我们成长的重要阶梯；相反拒绝它、不接纳它的时候，挫折就会成为我们内心痛苦的根源。

3. 积极交往，重建新的社会支撑系统

社会支撑主要是指个体在遭遇挫折和困境时，来自社会各方面的精神和物质上的帮助。如果受挫者能从温暖的家庭和友爱的集体中得到温暖和力量，得到鼓励和支持，得到他人有关解决问题的方法和指导，获得有关问题解决的重要信息，个体的心理压力就会减小，个体挫折体验就较弱，就会感到轻松。老年人退休以后，要积极建立新的社交圈子，走出闭门独居的生活状态，抽空和朋友们下下棋，聊聊天，畅谈一下生活，有助于提升老年人的抗挫能力。

4. 坚持锻炼，提高身体素质，增强抗挫能力

加强锻炼会影响体内儿茶酚胺类激素的分泌，使人产生积极愉悦的情感体验，提升个体对各种生活事件的接受能力，有助于缓解压力，增加心理弹性，提升主观幸福感。由于老年人自身的身体特点，全身各个系统都存在不同程度的生理或心理问题。老年人锻炼身体，应结合自身身体素质，选择适宜的锻炼方式。一般来说，以选择各个关节、各部分肌肉都能得到较好锻炼、适宜的小力量练习，低运动量的运动为主，如慢跑、快步走、太极拳等，而不应该选择运动强度过大、速度过快、竞争激烈的运动项目。也可以利用运动器材进行锻炼，锻炼后以感到微微汗出，身体轻松舒畅，食欲及睡眠良好为佳。锻炼的动作要由易到难、由简到繁、由慢到快，时间要逐渐增加。每次运动时要注意由静到动、由动到静、动静结合。

四、老年沟通能力测试及建议

沟通是人与人之间的心灵交流,是人类生活中不可缺少的重要内容。它可以增进相互理解和信任,和谐人际关系,进而促进彼此的身心健康及自我发展,使人精神愉快,身心轻松,有助于人类的健康长寿。每个人都有自己独特的与人沟通、交流的方式。多交朋友,重新组建新的人际关系,培养共同的兴趣爱好,寻找自我价值的实现,对于追求健康长寿的老年人来说,十分必要。

(一) 人缘度的测试

你的人缘如何,别人都喜欢你吗?你与周围的人相处愉快吗?你是否经常独来独往,认为那是一种潇洒?下面的测试问卷可以帮助你了解一下自己的人缘情况。

人缘度测试问卷

1. 如果你最近一次参加社区活动,是因为:

A. 你认为不得不参加

B. 他们非常欢迎你

C. 你发现做这些事情很有意义,令人愉快

2. 当你周末在公园散步时,你是否:

A. 希望交到朋友,可是往往很难做到

B. 喜欢独自一个人消磨时间

C. 通常很容易就认识了新朋友

3. 如果你已经和朋友有了约定，可到时你却疲惫不堪，不想赴约：

A. 不赴约了，希望对方会谅解你

B. 去赴约，但会询问对方是否介意你早些回家

C. 去赴约，并尽量假装高兴

4. 如果一个好朋友向你吐露了一件极有趣的私人问题，你常常：

A. 连考虑都没考虑，就把这件事告诉了别人

B. 根据情况决定，选择部分告诉别人

C. 为老朋友保密，不把这件事再告诉别人

5. 当你的家人有困难时，你发现：

A. 他们不愿意来麻烦你

B. 只有与你关系非常亲密的人才来向你求助

C. 他们愿意找你请求帮助

6. 对于亲人的优缺点，你的处置方法是：

A. 我相信真诚，所以对于我看不惯的缺点，会直接指出

B. 我既不吹捧奉承，也不求全责备他们

C. 我喜欢赞扬别人的优点，缺点则尽量回避

7. 在你选择朋友时，你发现：

A. 只能同喜好相同的人友好相处

B. 兴趣、爱好不相同的人偶尔也能聊聊

C. 大多数情况下，几乎能和任何人合得来

8. 面对小孩子的恶作剧，你会：

A. 感到生气并发怒

B. 看当时的心情如何，也许和他一起大笑，也许生气并发怒

C. 和他一起大笑

9. 对于邻居间的矛盾冲突，你喜欢：

A. 打听、传播

B. 知道了也装作不知道，不介入

C. 了解具体情况，设法缓和

10. 在日常生活中，对于扫地、烧开水一类琐事，你的态度是：

A. 想不到去做

B. 别人提醒后去做

C. 主动去做

评分规则：以上每题后面有三个选项，每题选 A 为 1 分，选 B 为 2 分，选 C 为 3 分。然后计算所有题目的总分。

测试报告：分数为 15 分以下，你很可能是一个性格孤僻、不喜社交的人，喜欢独来独往，思想不活跃、不开朗。这一切并不意味着你不会交朋友，主要原因是你对社交活动、人际交往不感兴趣，如果你愿意，只要你努力，你能交上很多好朋友。分数为 15~25 分，你的人际关系不太好，和朋友的关系并不牢固，你想让别人喜欢你，也做了很多努力，但别人并不一定喜欢你，朋友们和你在一起时可能不会感到轻松，你只有认真检查自己的言行，真诚对待别人，学会待人接物，你的处境才会改好。分数 25 分以上，你和朋友相处得很好，你能够从日常生活中得到许多快乐，你在朋友中有一

定的威信，他们比较信赖你。就是说，你会交朋友，你的人际关系很好。

（二）沟通能力测试

本测试选择了老年人生活中经常会遇到的，比较尴尬的，难于应付的情景，通过观察一下个体如何处理这些问题，从而了解个体的沟通能力与沟通的风格以及个体在人际沟通中的一些问题。阅读下面的问题，选择出你认为最合适的处理方法，请尽快回答，不要遗漏。

沟通能力测试问卷

1. 你的朋友邀请你去商量举办活动的有关事情。回到家中，你发现你的爱人颇为好奇，此时你会：

A. 不透露蛛丝马迹

B. 粗略描述，淡化内容的重要性

C. 告诉爱人具体详细的内容

2. 当你主持家庭会议时，有一个人一直问些不相干的问题干扰会议，你会：

A. 告诉干扰会议进程的人先别提别的问题

B. 纵容下去

C. 要求所有人先别提出问题，等你说完再发表意见或提出想法

3. 当你跟邻居正在讨论事情，有家人打电话来找你，此时你会：

A. 让邻居告诉家人说你不在

B. 接电话，而且该说多久就说多久

C. 告诉对方你现在正忙，等一会儿你会打过去

4. 儿子连续多次在周末打电话告诉你他不能带孩子来看你，此时你会说：

A. 我不能再容忍你不来看我了，否则我会有想法

B. 不必打电话来了，我不想听你解释

C. 你对我相当重要，我希望你能回来，特别是周末

5. 你被聘为居委会主任，你知道还有几个人关注这个职位。上班的第一天，你会：

A. 个别找人谈话以确认哪几个人有意竞争职位

B. 忽略这个问题，并认为情绪的波动很快会过去

C. 把问题记在心上，但立即投入工作，并开始认识每个人

6. 有位朋友对你说："有件事我本不应该告诉你的，但你有没有听到……"你会说：

A. 我不想听无稽的流言

B. 告诉我怎么回事，我想知道详情

C. 我只关心与我有关的事

评分规则：以上每题后面有三个选项，每题选 C 为 1 分，选其他选项不得分。然后计算所有题目的总分。

测试报告：分数为 5 分以上，说明你的沟通能力很强。具有良

好的沟通能力可以使你很好地表达自己的思想和情感，获得别人的理解和支持，从而和子女、邻居、亲朋好友保持良好的关系。如果分数在2分以下，说明沟通能力较差，容易被人误解，给别人留下不好的印象，甚至可能无意中会得罪别人，伤害到他人的感情。

（三）提高沟通能力的建议

人与人之间的沟通交流是人类生活中不可缺少的重要内容，它好比“架桥”，可打破双方的心理距离。借助人际沟通，人们可以传递信息、表达思想、抒发感情、分享快乐或分担痛苦，进而相知相悦、相助相长。而沟通能力的好坏，直接影响着个体的生活质量和幸福程度。

随着社会角色的转换，闲暇时间的增多，生活的变故等，老年人易出现孤独、寂寞、空虚、无聊等情绪，对沟通的需要会相对增加；同时因衰老及疾病等因素又会导致表现力、感知力、理解力等沟通能力有所降低，影响沟通效果。这些问题就要求老年人在与人沟通时要多加注意，以保证能与他人顺利有效沟通，交流思想和情感。

1. 克服不良性格

生活中，有的老人过分自负、偏激，固执，在与人交往的过程中，过分重视自己的感受，常高高在上，目中无人，自以为了不起。高兴时夸夸其谈，海阔天空，无所顾忌，不高兴时不分场合，大发脾气，给人脸色，久而久之使人敬而远之；有的老人生性孤僻，整日孤芳自赏，很少与人交往，与人相处时冷若冰霜，不够热情、随和；有的老人比较多疑敏感，时常觉得被人看不起，被冷落、被歧视，所以常莫名其妙大发脾气。这些不良性格往往会造成人际交往的障碍。老年人要想与别人建立良好的关系，必须正视自己性格的不足，积极加以纠正，为自己晚年的快乐幸福，营造一片和谐、灿烂的天空。

2. 寻找志同道合的朋友

物以类聚，人以群分。人们总是喜欢跟自己志趣相投，喜好相似的人交往，因此老年人与人交谈时要关注对方的兴趣爱好，要善于寻找双方的共同点，增强人际吸引力，进而和对方成为气味相投，并肩前行的朋友。

3. 与子女相处的技巧

老年人与子女相处，要持积极向上的心态，有目标和追求，不要过度依赖子女，站在子女的角度，多一些理解少一些指责，多一些支持少一些埋怨，要做子女的朋友，做家庭的指导者和参谋。在与子女相处时，应注意把握以下几点：①忌偏袒，对子女一视同仁，忌一碗水端不平；②忌传话，不要在亲友中议论晚辈，以免引起误会；③忌猜疑，千万不要捕风捉影，有事、有疑问应当面与子女沟通，不要背后嘀咕、乱猜疑；④忌挑剔，对子女的兴趣爱好及行为不要看不惯，更不要挑剔指责；⑤忌专断，不能只要求子女尊重自己，而对子女们的意见则抱“无所谓”的态度；⑥忌唠叨，对子女不懂的要耐心指教，错误的要批评，但不要唠叨起来就没完没了；⑦忌偏激，遇事要冷静，忌没有弄清楚就批评、教训子女或说伤害感情的话。

五、老年不良情绪测试及建议

情绪是个体对客观事物是否符合自己需要所产生的一种态度体验，是建立在自己需要是否满足之上。它与个体的认知有很大的联系。情绪是一种能量，需要得到适度的表达。长期不良的情绪可导致内分泌的失衡，使中枢神经系统的平衡遭到破坏，使人的心跳、血压、呼吸等发生变化，进而诱发高血压、冠心病、癌症、糖尿病等以躯体症状为主要症状的心身疾病和焦虑症、抑郁症、强迫症、精神分裂等以心理症状为主要表现的精神疾病。相反情绪健康，乐观开朗，则能增进人体健康，延年益寿。

（一）焦虑自评量表(SAS)

焦虑自评量表

下面有20条文字，请仔细阅读每一条，把意思弄明白，每一条文字后有4个方格，分别表示:1没有或很少时间;2小部分时间;3相当多时间;4绝大部分或全部时间。请你根据最近一个星期的实际感觉，选择适当的选项。

1. 觉得比平常容易紧张和着急。 1□,2□,3□,4□

2. 无缘无故地感到害怕。 1□,2□,3□,4□

3. 容易心里烦乱或觉得惊恐。 1□,2□,3□,4□

4. 觉得可能要发疯。 1□,2□,3□,4□

5. 觉得一切都很好，也不会发生不幸倒霉的事。 1□,2□,3□,4□

6. 手脚发抖打战。 1□,2□,3□,4□

7. 因为头痛、头颈痛和背痛而苦恼。 1□,2□,3□,4□

8. 感觉容易衰弱和疲乏。 1□,2□,3□,4□

*9. 觉得心平气和,并且容易安静地坐着。 1□,2□,3□,4□

10. 觉得心跳得很快。 1□,2□,3□,4□

11. 因为一阵阵头晕而苦恼。 1□,2□,3□,4□

12. 有晕倒发作,或觉得要晕倒似的。 1□,2□,3□,4□

*13. 吸气呼气都感到很容易。 1□,2□,3□,4□

14. 手脚麻木和刺痛。 1□,2□,3□,4□

15. 因为胃痛和消化不良而苦恼。 1□,2□,3□,4□

16. 常常要小便。 1□,2□,3□,4□

*17. 手常常是干燥温暖的。 1□,2□,3□,4□

18. 脸红发热。 1□,2□,3□,4□

*19. 容易入睡并且睡得很好。 1□,2□,3□,4□

20. 做噩梦。 1□,2□,3□,4□

评分方法:此量表有20个条目,每条目后有4个选项,分别代表1分、2分、3分、4分,题号前标有*号的项目为反向计分题,测试完成后,把20题的得分相加得到粗分,然后粗分乘以1.25,四舍五入取其整数部分,得到标准分。

测试报告:分数小于50分,正常范围;分数为50~59分,轻度焦虑;分数为59~69分,中度焦虑;分数大于70分,重度焦虑。

（二）抑郁自评量表(SDS)

抑郁自评量表

下面有20条文字,请仔细阅读每一条,把意思弄明白,每一条文字后有4个方格选项,分别表示:1没有或很少时间;2小部分时间;3相当多时间;4绝大部分或全部时间。请你根据最近一个星期的实际感觉,选择适当的选项。

1. 我觉得闷闷不乐,情绪低沉。 1□,2□,3□,4□

*2. 我觉得一天之中早晨最好。 1□,2□,3□,4□

3. 我一阵阵地想哭。 1□,2□,3□,4□

4. 我晚上睡眠不好。 1□,2□,3□,4□

*5. 我吃的和平时一样多。 1□,2□,3□,4□

*6. 我与异性接触时和以往一样感到愉快。 1□,2□,3□,4□

7. 我发觉我的体重在下降。 1□,2□,3□,4□

8. 我有便秘的苦恼。 1□,2□,3□,4□

9. 我心跳比平时快。 1□,2□,3□,4□

10. 我无缘无故感到疲乏。 1□,2□,3□,4□

*11. 我的头脑和平时一样清楚。 1□,2□,3□,4□

*12. 我觉得经常做的事情并没有困难。 1□,2□,3□,4□

13. 我觉得不安而平静不下来。 1□,2□,3□,4□

*14. 我对将来抱有希望。 1□,2□,3□,4□

15. 我比平常容易激动。 1□,2□,3□,4□

＊16. 我觉得做出决定是容易的。 1□,2□,3□,4□

＊17. 我觉得自己是个有用的人,有人需要我。 1□,2□,3□,4□

＊18. 我的生活过得很有意思。 1□,2□,3□,4□

19. 我认为如果我死了别人会生活得更好些。 1□,2□,3□,4□

＊20. 平常感兴趣的事我仍然感兴趣。 1□,2□,3□,4□

计分方法:此量表有20个条目,每条目后有4个选项,其中有10道题目为正向描述,分值分别为1分、2分、3分、4分,题号前标有＊号的项目为反向描述题,分值分别为4分、3分、2分、1分。测试完成后,把20题的得分相加得到粗分,然后粗分乘以1.25,四舍五入取其整数部分,得到标准分。

测试报告:分数小于50分,正常范围;分数为50~59分,轻度抑郁;分数为59~69分,中度抑郁;分数大于70分,重度抑郁。

（三）调节不良情绪建议

俗话说,笑一笑,十年少,愁一愁,白了头。临床医学研究显示:患者的情绪对疾病的发生发展及其转归都有着十分重要的影响,当患者情绪高涨或对治疗充满信心时,常可使病情好转或趋于稳定;当患者对治疗失去信心或受到外界不良刺激而出现情绪剧烈波动时,病情常极易恶化,伴随患者心理状态的改变和情绪波动,而出现病情突变。

《水知道答案》这本书中，有学者曾经对水进行研究，拍摄水在不同状况下的结晶图片，我们都知道人体的70%都是水，从图6-1我们可以窥见情绪对人的影响。

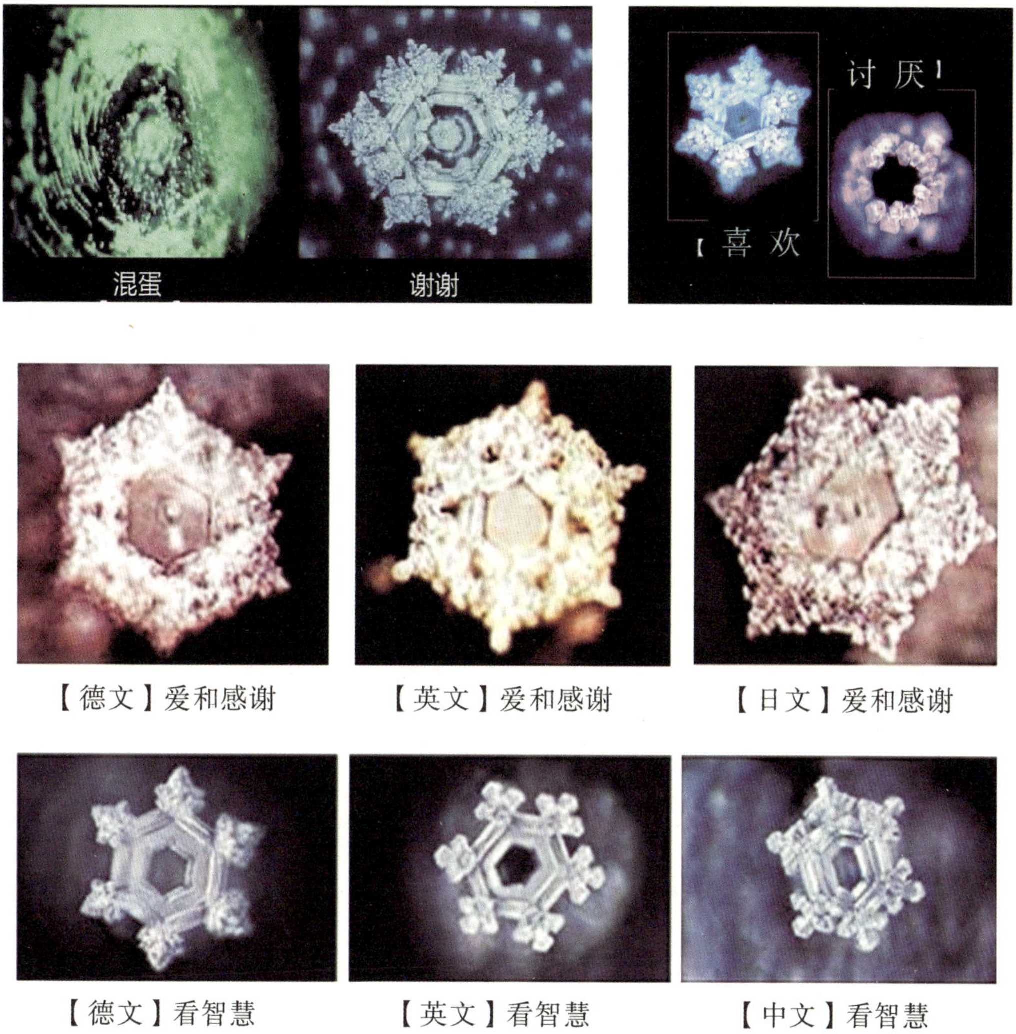

图6-1　水在不同状况下的结晶图片

为了健康长寿，年过花甲、身体逐步走下坡路的老年朋友，日常生活中要学会调节情绪。首先，要知足常乐。其次，老年人应培养开朗乐观，宽容大度，热情善良，宁静淡泊，难得糊涂，不斤斤计较的性格，始终保持泰然自若的心理状态，使自己的身心调至最佳状态，从而提高了机体的抗病能力。再次，要培养一定的兴趣爱好。最后，要转变角色，重新适应社会和家庭环境。

老年人在退休后，对自己要重新定位，重新建立新的社交圈子，积极参加一些社会活动，培养一些有益健康的嗜好，如练习书法、钓鱼、养花、打太极拳等。

六、老年精神疾病测试及建议

随着我国经济的发展，老龄化问题日益突出。受到“养儿防老，儿孙绕膝”等传统文化影响，中国老人随着年龄的增长，对亲情的需求越来越多。而现实生活中，社会的养老机制不够健全，缺少吸引老年人兴趣的活动；子女又忙于打拼事业，难以抽出足够的时间陪伴老人，种种现实导致老年人心情郁闷、空虚无聊，甚至焦虑抑郁，引发一系列的心理疾病。这已经成为一个不容忽视的社会问题。据调查数据显示，社区老人，尤其是“独居老人”的焦虑患病率非常高，27.5%的独居老人存在焦虑症状，在独居的老人中存在心理问题的比例达到60%，而达到疾病程度、需要医学关注和心理干预的比例占10%~20%。及早发现老人心理失调症状，及时予以干预，是帮助老人过上健康快乐的夕阳生活的重要法宝。

（一）疑病观念测试

随着生理功能和心理功能的衰退，老年人退休在家，由于无事可做，精神空虚无聊，老年人注意力开始投向自身。有的老年人对身体的微弱不适会变得过分敏感多疑，大惊小怪，给自己制造了许多压力，由此引发一系列的问题。下列的测试可以帮助您认识自己。请结合自己的情况，回答“是”或“否”。

疑病观念测试问卷

1. 你时常觉得没劲，提不起精神吗？

A. 是　　　B. 否

2. 你是否食欲不佳，时常不想吃东西？

A. 是　　　B. 否

3. 你的皮肤非常敏感和怕痛吗？

A. 是　　　B. 否

4. 你是否时常感到头晕？

A. 是　　　B. 否

5. 你时常觉得头疼吗？

A. 是　　　B. 否

6. 你是否有时感到面部、头部、肩部抽搐？

A. 是　　　B. 否

7. 你总担心自己有病吗？

A. 是　　　B. 否

8. 即使你认为自己仅是着凉了，也一定要去看医生吗？

A. 是　　　B. 否

9. 你是否时常感到精疲力竭，休息不过来？

A. 是　　　B. 否

10. 你被认为是一个体弱多病的人吗?

A. 是　　B. 否

11. 你家里有一个小药箱来保存你以前看病剩余的药物吗?

A. 是　　B. 否

12. 你经常非常担心你的健康吗?

A. 是　　B. 否

13. 你是否常因疼痛而不能专心致志地工作?

A. 是　　B. 否

14. 你是否经常为难以忍受的瘙痒而烦恼?

A. 是　　B. 否

15. 你总是怀疑自己身体有病吗?

A. 是　　B. 否

16. 你的家人是否多有肠胃不适的毛病?

A. 是　　B. 否

17. 当你不舒服时,别人是否表示同情?

A. 是　　B. 否

18. 你长期便秘吗?

A. 是　　B. 否

19. 你曾经得过神经衰弱吗?

A. 是　　B. 否

20. 你常感到心悸吗?

A. 是　　B. 否

21. 你总是担心家里人会生病吗？

A. 是　　　　B. 否

22. 在暖和的天气里你也感觉手脚冰凉吗？

A. 是　　　　B. 否

23. 你常感到呼吸困难吗？

A. 是　　　　B. 否

24. 你是否认为因轻微的不舒服，如咳嗽、着凉、感冒去看病是浪费时间？

A. 是　　　　B. 否

25. 如果你得了感冒，你是否马上上床休息？

A. 是　　　　B. 否

26. 早上你是否常看看自己舌头的颜色？

A. 是　　　　B. 否

27. 你每天都称体重吗？

A. 是　　　　B. 否

28. 你是否常常为噪声而烦恼？

A. 是　　　　B. 否

29. 你是否时常感到喉咙里有个东西？

A. 是　　　　B. 否

30. 你有忽冷忽热的感觉吗？

A. 是　　　　B. 否

评分规则：以上试题，除24题答“否”得1分，答“是”得0分，其他各题都是答“是”得1分，答“否”得0分。然后将测试题目分数相加。

测试报告:得分越高,疑病感越强,得分在15分以上,具有一定的疑病观念;得分在5分以下,没有疑病观念,分数越低,健康感越强。

(二)精神症状自我检测

下面的题目可以帮助你客观地检查自己的心理健康状况,每个题目后面有“是”“否”两个选项。有兴趣的朋友可以结合自己情况,实践一下。

精神症状自我检测问卷

1. 如果周围环境嘈杂,不能马上睡着。

A. 是　　　B. 否

2. 常常莫名其妙地突然地发脾气。

A. 是　　　B. 否

3. 梦中所见与平时所想的不谋而合。

A. 是　　　B. 否

4. 经常精神萎靡不振。

A. 是　　　B. 否

5. 时常希望能好好改变一下现在的处境。

A. 是　　　B. 否

6. 稍稍等一会儿人就急不可耐了。

A. 是　　　B. 否

7. 常常感到头被紧箍着一般。

A. 是　　B. 否

8. 看书时对周围很小的声音也会注意到。

A. 是　　B. 否

9. 常常对将来感到莫名的恐惧不安。

A. 是　　B. 否

10. 独自一人时,常常心烦意乱。

A. 是　　B. 否

11. 常常一着急便易做错事。

A. 是　　B. 否

12. 经常担心别人对自己有看法。

A. 是　　B. 否

13. 经常以为自己的行动受别人支配。

A. 是　　B. 否

14. 常感到疲惫无力,提不起精神。

A. 是　　B. 否

15. 希望过与众不同的生活。

A. 是　　B. 否

16. 失败后,会长时间感到懒散。

A. 是　　B. 否

17. 过度兴奋时常常会突然神志昏迷。

A. 是　　B. 否

18. 即使最近发生了什么事故，也往往满不在乎。

A. 是　　　B. 否

19. 很多时候天气晴好却心情不佳。

A. 是　　　B. 否

20. 在家闲坐时，常常想起什么便突然外出。

A. 是　　　B. 否

21. 常常对别人的微词耿耿于怀。

A. 是　　　B. 否

22. 常常因为心情不好感到身体的某个部位疼痛。

A. 是　　　B. 否

23. 常常会突然忘却以前的打算。

A. 是　　　B. 否

24. 生活没有活力，意志消沉。

A. 是　　　B. 否

25. 时常有一些荒谬的想法。

A. 是　　　B. 否

26. 与人约定事情常常犹豫不决。

A. 是　　　B. 否

27. 看什么不顺眼时常常感到头痛。

A. 是　　　B. 否

28. 常常听见他人听不见的声音。

A. 是　　　B. 否

29. 一紧张就直冒冷汗。

A. 是　　　B. 否

30. 比过去更厌恶今天，常常希望最好出些变故。

A. 是　　　B. 否

31. 往往漠视小事而无所长进。

A. 是　　　B. 否

32. 紧张时脸部肌肉常常会抽动。

A. 是　　　B. 否

33. 有时认为周围的人与自己截然不同。

A. 是　　　B. 否

34. 爱好沉思默想。

A. 是　　　B. 否

35. 一听到有人说起忘恩负义的事，就怒气冲冲。

A. 是　　　B. 否

36. 一着急总是担心时间，频频看表。

A. 是　　　B. 否

37. 尽管不是毛病，常常感到心脏和胸口发闷。

A. 是　　　B. 否

38. 不喜欢与他人一起游玩。

A. 是　　　B. 否

39 尽管是微小的失败，却总是归咎于自己的过失。

A. 是　　　B. 否

40. 常常想做别人不愿意做的事情。

A. 是　　B. 否

41. 必须在别人面前做事情时,心就会激烈地跳动起来。

A. 是　　B. 否

42. 心情常常随当时的气氛变化很大。

A. 是　　B. 否

43. 即使是自己发生了重大事情,也能如常人那样思考。

A. 是　　B. 否

44. 心有所虑时常常情绪非常消沉。

A. 是　　B. 否

45. 认为社会腐败,不管多么努力也不会幸福。

A. 是　　B. 否

46. 失败一次后再做事情时非常担心。

A. 是　　B. 否

47. 常常有嗓子堵住的感觉。

A. 是　　B. 否

48. 和子女、兄弟姐妹间感情比较淡薄,如同路人一样。

A. 是　　B. 否

49. 对过去的失败念念不忘。

A. 是　　B. 否

50. 常常因为事情进展不如自己预料而心情烦闷。

A. 是　　B. 否

表 6-1　精神症状自我测试评分表

题目号码										合计	类型
1	6	11	16	21	26	31	36	41	46		焦躁神经症
2	7	12	17	22	27	32	37	42	47		歇斯底里
3	8	13	18	23	28	33	38	43	48		精神分裂症
4	9	14	19	24	29	34	39	44	49		抑郁症
5	10	15	20	25	30	35	40	45	50		神经质

计分方法：精神症状自我检测量表分为五项，每项有 10 道题目。如果答案选“是”，每题计 1 分，如果答案选“否”，每题计 0 分。将每题分数填写在表 6-1 所对应的题号下面，最后将每项的分数合计。

测试报告：分数越低，说明精神健康程度越高；分数在 30 分以上，有精神病的征兆；分数越高，患精神疾病的可能性越大。最好请专科医生进行诊断，做到无病做好预防，有病及早治疗。

（三）克服精神障碍建议

随着年龄的增大，老年人视力减退，听力迟钝，思维反应迟缓，记忆力减退，腿脚活动不便，与社会的交往不像年轻时那么便利，社交范围逐步狭窄。种种问题易使老年人产生焦虑抑郁、悲观失望、孤独寂寞等问题，使老年生活质量、幸福指数大大下降。

要克服精神障碍，提升老年人生活质量和幸福指数，老年人心理保健应注意以下四大原则。

1. 积极乐观，开朗豁达

老年人对生活要充满信心，做一个永远面朝太阳微笑的"向日葵族"，即使面对风吹雨打，也同样积极乐观，保持微笑，尽量发挥自己在知识、经验、技能、智力及特长上的优势，寻找新的生活乐趣。面对生活琐事不必斤斤计较，对于外界名利要善于超脱，让自己保持一份好心情。

2. 积极参加社会活动，拓展丰富多彩的生活空间

随着老年人退休在家，社交圈子开始狭窄，老年人的自我价值感和认同感渐渐降低，情感生活也比较缺失，特别是丧偶老人。这些问题会导致很多老年人出现心理危机，引发一系列问题。研究发现，积极参加社区公益活动和志愿者活动，广交朋友，与志同道合的朋友畅谈人生，共同寻找新的生活乐趣和生活价值，是老年人健康长寿的重要法宝。老年人应当根据身体条件和兴趣爱好，如练书法、学绘画、种花草、养禽鸟、读书报、看影视剧等，把生活内容安排得充实些，重新找到生活的价值和意义所在。

3. 加强锻炼，提高自身体质

加强锻炼会影响体内儿茶酚胺类激素的分泌，使人产生愉悦的体验。积极的情感体验能提升个体对各种生活事件的接受能力，有助于缓解自身的压力。日常生活中能经常体验到积极情绪，个体的心理弹性会大大增加，社会关系得到改善，主观幸福感大大提升。积极情绪能促进以问题为中心的应对策略的应用，能促进压力的有效缓解，进而提升主观幸福感。另外，加强锻炼可以增强人体新陈代谢，加速血液循环，强化呼吸功能，扩大肺活量，并降低患心脑血管疾病的风险，能增强个体的自信心，减少消极的自我暗示。

4. 重视人际关系和心理交流

老年人既要注意联系老朋友，又要善交新朋友，要经常和好友聊天谈心，交流思想感情，做到生活上互相关心体贴，思想上沟通交流，在集体活动和人际交往中取长补短，汲取生活营养，使自己心情舒畅、生活愉快。

小结

本篇简单介绍了心理评估的概念、常用方法及其在生活中的意义，结合老年人的心理特点及需求，重点介绍了几种常用的心理测试问卷及相关不良心理特征的积极应对方法，希望能给老年人幸福的晚年生活带来一些帮助。

第七篇　老年心理障碍及诊治

学习目标

1. 了解老年心理障碍的形成原因。
2. 掌握老年心理障碍的主要表现。
3. 熟悉老年心理障碍的治疗方法。

// 案例导入

患者，女性，69岁，半年前出现失眠，有时整夜睡不着觉，食欲下降，情绪低落，自述脑子不好使，反应很慢，什么也干不了，自己的病也好不了了；内心充满自责，认为一家人全让她给拖累了，整天担心孩子及家人的生活，有时坐立不安，心慌，口干，烦躁，易怒，见什么都烦，在家自己打自己，打完后就哭，症状晨起较重，晚上较轻，经常觉得活着没意思，想跳楼又怕跳楼后对孩子的名声不好，会影响孩子的前程，想“安乐死”，希望去医院打一针，曾企图上吊，自杀未遂。既往体健，家中无精神疾病史。体格检查未见异常。

// 心理提示

老年人心理疾病如果不及时发现、及早诊治，不仅自己精神痛苦，心理绝望，影响自己晚年的幸福生活，同时还给家人带来沉重的经济负担和精神压力。

心理障碍是变态心理学中的概念，指的是一种精神活动的异常状态。根据心理健康水平，有学者将心理大致划分为心理正常和心理异常两个等级。心理正常是指心理具备正常功能，能顺利地适应环境的变化，健康地生存发展；能正常地认识客观世界的本质及其规律性，创造性地改造世界；能正常地进行人际交往和情感交流，相互支持。心理异常即心理障碍，是指个体在内外各种有害因素的影响下，心理活动的内在协调一致性及心理活动的内容与外界环境的统一性遭到破坏而致心理活动偏离正常范围，致使个体社会功能下降的异常心理活动。

对心理正常与否的判断标准是相对的，须考虑个体的年龄、性别、社会身份、所处的情景、过往状态等多种因素，某些行为在特定的社会背景和条件下是正常的反应，而在其他情况下出现则可能被视为不正常的表现。例如一个人正在津津有味地吃东西，同伴进来拿走了他的吃食，他立刻大哭大叫起来，如果他是一个四五岁的孩子，他的心理是正常的，如果是一位七十多岁的老人，他的心理就有点不正常。

下面介绍几种日常生活中老年人常见的心理障碍，以帮助老年朋友们了解自己心理问题，及时做出调整和治疗，以提高自己的生活质量。

一、阿尔茨海默病及诊治

阿尔茨海默病又称为老年痴呆症，是以脑组织的退行性变化和智力衰退缺损为特征的一种高级神经活动功能障碍，是老年人常有的一种持续性的智能障碍，临床上以记忆障碍、失语、失认、视空间技能损害、执行功能障碍以及人格和行为改变等全面性痴呆表现为特征。阿尔茨海默病发病年龄多为60岁以上的老人。此病具有潜隐性，常不知不觉中起病，呈持续进行性智能衰退，智能每况愈下，无缓解，病程一般是5至12年。

（一）主要症状

阿尔茨海默病是以认知缺损和精神症状为主要临床表现的智能障碍。认知缺损主要表现为记忆障碍、定向障碍、言语障碍、智力障碍、人格改变、精神障碍等。

1. 记忆障碍

记忆障碍是阿尔茨海默病早期突出的症状和核心症状。最初主要为短程记忆及近记忆能力减退，表现为记性差，经常张冠李戴，丢三落四。如刚说过的话、吩咐的事转脸即忘，刚放下碗筷就又要求再吃饭，记不住熟人的名字，不记得东西放在哪里，交谈开始就不记得说过什么，面对熟人觉得陌生，遇到陌生人会热情地上前打招呼。随病情发展，患者的记忆障碍加重，远记忆也逐渐受损，常常记不住自己的生辰、家人的名字和家庭住址等，为填补记忆的空白，常常出现错构和虚构等。

2. 定向障碍

定向障碍为阿尔茨海默病常见症状之一，可出现地点、时间、人物的定向障碍。外出不知回家的路，在家中也会走错自己的卧室，找不到厕所，会在客厅、阳台大便，不能辨别时间，不知今年是何年、何月、何日等，不认识熟悉的朋友和亲人等。

3. 言语障碍

阿尔茨海默病患者与人沟通中常见病理性赘述现象，说话用词不当，啰唆不得要领，有时说话语句颠倒、胡乱发音，让人不知所云，无法与其正常沟通交流，患者能认识或正确使用物体，但不能确切命名。

4. 智力障碍

阿尔茨海默病患者出现全面的智力减退，涉及理解、推理、判断、抽象概括和计算力各个方面。患者思考迟钝，抽象概括能力全面下降，缺乏逻辑性。

5. 人格改变

阿尔茨海默病患者常有明显的人格改变、偏离。可能变得被动退缩、自我中心、敏感多疑、缺乏责任心、不顾及他人感受等，严重者个人卫生差、不修边幅、行为粗俗、不顾社会道德规范、不知羞耻等。有些患者人格改变不突出，表现温顺安静。

6. 精神障碍

患者由于记忆力的丧失和精神错乱，会变得猜疑，易激惹，可出现古怪和冲动行为；有的患者会常怀疑自己的财物被偷窃，对身边的亲人和陪护者充满敌意，认为他们是骗子冒充的，会驱赶家人，不允许家人进门；有的患者见吃的就抢，与小孩子争吃东西等；少部分患者可出现片段妄想和幻觉，妄想多为被害妄想和嫉妒妄想。情感淡漠也是老年痴呆患者的常见症状，表现为患者对人对事漠不关心，表情呆板，在有外界刺激或发生与患者有利害关系的事件时，患者缺乏相应的情感反应。部分患者还常出现睡眠节律颠倒，白天卧床，晚上活动。

（二）临床发展类型

依据阿尔茨海默病病情的发展，可分为早期、中期、晚期三个阶段。

1. 早期

持续 1~3 年，生活能自理，有记忆和智能受损情况，近记忆障碍为突出症状。患者经常忘记刚刚发生的事，如失落物品，记不住他人的名字，学习新知识困难等。此期患者对记忆减退有一定的自知力，常误解为正常衰老现象，会携带备忘录，力求弥补，此期可见人格改变和情感变化。如患者变得被动、自私，待人情感淡漠，有时易激惹。

2. 中期

持续 2~8 年，记忆障碍进一步加重，症状越来越明显，日常生活的处理能力明显困难，经常丢三落四，会忘记家人的名字和自己的家庭住址等；由于记忆衰退，可出现记忆错构和虚构现象；会出现时间、地点、人物的定向障碍，会在熟悉的地方迷失。此期远记忆开始受损，精神症状也开始有所表现，可有片断的幻觉和妄想出现。情绪不稳，行为紊乱，基本的生活料理也越来越困难。

3. 晚期

病情进一步加重，患者会忘记自己的名字和年龄，完全丧失生活自理能力，常终日卧床，大小便失禁，言语功能丧失，日常生活需他人料理。患者最容易在此阶段出现并发肺炎、压疮和泌尿系统感染等疾病。

（三）阿尔茨海默病的诊断

阿尔茨海默病的诊断要注意以下要点：①患者近期记忆、思维能力、判断力及言语功能逐渐减退；②患者经常显得情感淡漠或缺乏兴趣，但也可能表现为尽管记忆力差，但尚能保持警觉和恰当的表现；③患者日常生活能力（穿衣、洗浴、做饭、购物）减退；④情感控制能力丧失，患者可能容易伤心、落泪或发脾气。

在诊断阿尔茨海默病时，需注意排除脑血管病等其他脑器质性病变所致的智能障碍、老年抑郁症所致的假性痴呆及老年人常有的良性健忘症等。诊断前可对患者记忆力和思维能力进行初步检测。如随意说出三种常见的事物，让患者记下，两分钟后让患者回忆这三种事物，或让患者以相反顺序说出一个星期中的每一天。

（四）阿尔茨海默病防治

1. 预防

阿尔茨海默病是一种以持续性、进行性智能衰退为特征的高级神经活动功能障碍，给老年人的生活带来很大的影响，也给家庭带来负担。目前在医学领域没有有效的治疗方法，及早预防是最好的方法。

(1)加强智力训练。有研究表明，常用脑可保持头脑灵敏，延缓大脑老化。老年人多看看书，学习一些新知识，活跃脑细胞，和朋友谈谈心，打打麻将，下下棋，写写日记、唱唱歌、学做一个新菜式、弹奏新曲目等，可刺激大脑神经细胞，防止大脑衰老。

(2)精神调养。注意保持乐观情绪，避免长期陷入忧郁的情绪。抑郁症可诱发此病的发生。孤家寡人，长期闭门而居，不与人沟通是加速大脑衰老的主要因素。

(3)减少高脂肪食品的摄入。食入过多的脂肪和胆固醇可以加速患痴呆症的进程，中年肥胖可以增加晚年在记忆力方面出现的风险。2006 年一项对 3 700 多名老年人的研究发现，摄入大量蔬菜者与很少食用者相比，可以把智力的衰退率降低 40%。

2. 治疗

目前在医学领域尚无有效的治疗方法，早就医早治疗，能改善症状，延缓病情的发展。在老年人出现记忆力明显下降时就应及时治疗。如果在发病的早、中期给予改善认知的药物（如乙酰胆碱酯酶抑制剂类)，口服 B 族维生素等提高大脑功能，可以减缓智能的衰退，缓解部分病情；病程发展至晚期时，已经贻误了最佳治疗时机，只能针对阿尔茨海默病伴发的精神症状采取对症治疗，改善病情。

二、老年个性障碍及诊治

（一）自我中心

自我中心的主要症状表现在：①凡事强调满足自己的欲望，一切围绕着自己的利益，忽视别人的需求和利益，不关心他人的得失，不愿为别人做半点考虑，为人自私自利，损人利己。②这类人恨不得让全世界都围绕着他的意愿转，过分计较别人的关心与照顾，稍不如意就感觉受了委屈，强烈希望得到别人的尊重，却不知道自己也需要尊重别人，处事越老越任性。③处事唯自己的意志论，对朋友张口就求人，从不体谅别人的难处。

1. 自我中心产生的原因

(1) 大脑衰老。随着大脑功能和心理功能的衰退，老年人想跟上飞速发展的新时代，有点力不从心，习惯按长期以来养成的心理态势来对待社会、对待生活，他们常墨守成规，比较固执任性，不容易接受新事物、新观念，从而与不断变化的世界产生冲突。

(2) 自尊心强。老年人以往是家庭中的权威，在社会交往上，很多的老年人都喜欢以长者自居，他们有一种特别渴望被人们尊敬的欲望，而且老年人的自尊心远远比任何时期都要强，因此形成了一个以自我为中心，难以接受他人观点，一切都是我说了算的性格，生活中倚老卖老，难以接受子女的意见，看不到子女已长大成人并已具备较强的社会生活能力，表现得比较自我中心。

2. 自我中心的防治

自我中心的个体在人际交往中是不受欢迎的，如果自我中心到了一意孤行、蛮横霸道的境界，更是惹人生厌。消除和预防老年人自我中心的观念，首先，站在他人的立场上想一想，社会上的每一个人都有各自的欲望与需求，老年人在交往中要正视现实，学会礼尚往来，多听取小辈们的意见，多设身处地地替他人想想，必要时从自我的小圈子里跳出来，做些适当的让步，只有这样才会获得别人的回报和尊重，并从中体验人生的价值与幸福。再者，老年人要加强自我修养，充分认识到自我中心的不合理性及其危害性，学会去控制自我的欲望与言行，学会适当地放低自己，把自我利益的满足置于合情合理不损害他人的基础上。

（二）孤僻

进入老年后，老年人或多或少都有点孤僻，日常生活中少言少语、行为怪异，让人难以理解，常喜欢自个儿发呆或自言自语，精神恍惚，而且不愿与他人接触，经常独来独往、离群索居，对周围的人有厌烦、鄙视心理，即使与熟悉的朋友也断绝了来往。很多时候，就连身边最亲近的朋友去找他们，他们也会不留情面地把门锁起来，谁都不见，表现出凡事与己无关、漠不关心、一副自我禁锢的样子。具有孤僻性格的老年人，猜疑心比较强，容易神经过敏，办事喜欢独来独往，而且经常神出鬼没，躲躲闪闪，像是要干什么见不得光的事，使人有一点儿莫名其妙。

1. 老年人孤僻的原因

（1）自尊心强。有的老年人过分自尊，对被拒绝反应很敏感，社会交往不积极主动，没有什么亲密的朋友。因为固执守旧，与子女的代沟、矛盾比较多，原本倍受尊重、极具权威的一家之主，慢慢失去了自己原有的威望，这一变化使老年人容易产生被社会抛弃，被冷落的感觉，倍感压抑沮丧，表现得自我封闭，孤僻。

（2）子女工作繁忙，无暇陪伴。子女事业心强，忙于闯荡天下，或比较自私，不够孝顺，无暇陪伴或不愿陪伴父母，平时不关注老人的生活、健康状况、兴趣爱好，使老人感受不到人世间的温暖，看不到生活的美好，慢慢地就会变得消沉、颓废、不合群，因此产生孤僻心理。

（3）兴趣狭窄，缺少自娱自乐之道。不少老年人离开工作岗位以后，除了吃饭、睡觉、看电视外，没有其他的爱好和追求，身心无所依托，处世消极，因而被人忽视，进而发展为孤僻性格。

（4）身体机能的不断衰退。老年是一个生理功能不断走向衰弱和减退的时期，这是自然规律不可抗拒的。老年人体质下降，活动范围也随之缩小，与外界的交往日渐减少，再加上身体疾病的原因，使老年人的性格变得孤僻。

2. 孤僻个性的防治

（1）优化性格。老年人要善良豁达，多与人交往，多参加社会活动，在活动中丰富知识经验，纠正认识上的偏差，在获得友谊、愉悦身心的同时，逐步培养开朗的性格。

（2）广交朋友。俗话说，千金难买是朋友，朋友多了春常留。广交朋友是老年人克服孤僻心理的极佳途径，特别是丧偶的老年人。老年朋友在一起趣味相投，经常串串门儿、聊聊天，畅谈保健长寿心得，倾诉内心的压抑与不快，既增进感情，又放松身心。对于老年人来说，广交朋友尤其是忘年交更能让自己激发斗志，焕发青春，走出孤僻的低谷。

（3）子女应该孝顺老人。子女应多关心老人的心理需求和身体健康状况，抽时间常和老人谈心，聊家常，尽量让老人享受儿女绕膝，晚辈嘘寒问暖的天伦之乐，让老人不至于产生被冷落，被遗弃的感觉。

（三）多疑

敏感多疑是老年人常见的一种不良心态，随着年龄的增长而加深。性格多疑的老人，常常曲解别人的关怀和帮助，怀疑别人不怀好意，动机不纯，对别人高度不信任，即便对子女也常疑神疑鬼。主观臆断别人在背后议论他，甚至是在有意讽刺、挖苦、欺侮、排斥、冷落、陷害他，因而耿耿于怀，闷闷不乐，心情郁结，难以排解，有时会奋起反抗，反唇相讥，谩骂他人。有些老年人对自己的健康状况过分关注，对身体的微小变化过分敏感，老怕自己得了什么不治之症，头一痛，就怀疑脑子里长了东西，急于投医求药，他们一方面担心查出病情，另一方面当查明并无疾病时，又往往不相信医生的诊断，疑心医生和家属对自己隐瞒了病情。这都是老年人多疑心理的表现。

1. 多疑产生的原因

(1)内心不安全感增加。人到老年，精力逐渐衰退，体力不济，从当家做主的位置上跌落下来，造成老年人自我价值感丧失，由此产生许多猜想，总怀疑子女在嫌弃自己，讨厌自己，并在子女的"嫌弃中"愈陷愈深。

(2)精神空虚、缺少兴趣。多疑大多产生在一些长期与他人缺乏沟通，生活圈子比较狭窄，缺少兴趣和爱好，与现实社会难以接轨的老年人身上。

(3)生理功能衰退。随着生理功能和心理功能的衰退，如视觉不明，听觉不灵，记忆不强，行动不便等，造成老年人看不明听不清，又记不住时，爱反复地发问，如果得不到比较满意的答复，就会主观臆断，胡乱猜疑，觉得自己被人嫌弃、被人轻视等。

2. 多疑心理的防治

长期敏感多疑，胡思乱想，会造成老年人心跳加快、血压升高，内分泌混乱，使老年人患上程度不同的神经衰弱症、血管硬化症、高血压症等，甚至发展成为精神病。改善多疑心理，需要从以下几方面努力。

(1)树立老人的自信心和优势感。子女遇事特别是大事时，要多请教老年人的意见，尊重其意见，以树立其权威，维护他在家庭中的“决策优势”，增加其内心的安全感。

（2）调整注意力方向。引导老年人做些力所能及的事儿，树立不服老的心态，将注意力从体内转向体外，从家庭转向社会，包括参加适当的体育锻炼和从事一定的体力劳动，以加强与社会交往，增强人际关系，扩大自己的活动范围，发展自己的兴趣爱好。

（3）相信别人，不钻牛角尖。老年人要认识到无端猜疑的危害及不良后果，学会相信他人。英国哲学家培根说过：“猜疑之心犹如蝙蝠，它总是在黑暗中起飞，这种心情是乱人心智的，它能使人陷入迷惘，混淆敌友，从而破坏人的事业。”老年人要学会与人为善，在生活中多多帮助他人，把自己融入社会大家庭中，并从中感受到人与人之间的真挚感情，投桃报李的回馈情意，多疑之心就会慢慢消失。

三、老年睡眠障碍及诊治

（一）睡眠的概述

睡眠是一种与觉醒对立的意识状态，也是我们在日常生活中最熟悉的活动之一，人的一生大约有1/3的时间是在睡眠中度过的。在生理与心理处于疲劳状态时，人脑会启动睡眠功能，此时人体各项生理机能活动降低，大脑与外面的环境暂时失去联系，以便大脑和躯体得到充分休息，次日能够头脑清醒，精力充沛，反应敏捷，有效地进行各种活动。

当一个人从清醒状态进入睡眠状态时，其大脑的生理电活动会发生复杂的变化。通过在志愿者头上放置电极，记录脑电波的变化，同时记录个体的心跳、呼吸、血压的变化情况。研究发现：当大脑处于清醒状态时，脑电波主要是频率较高、波幅较小的β波，每秒钟有14~30次；成年人在受到挫折，心情抑郁时，脑电波主要是θ波，θ波频率为每秒4~7次；在大脑处于休息状态时，β波由α波取代，α波的频率较低，每秒8~13次，波幅稍大；在睡眠状态时，脑电波则主要是δ波，δ波的频率更低，每秒1~3次，而波幅更大。

根据脑电图的研究可以将睡眠分为四个阶段。在第一阶段，脑电波成分主要为混合的、频率和波幅都较低的脑电波，持续时间约10分钟。在这个阶段个体处于浅睡状态，似睡非睡，身体放松，呼吸缓慢，容易被外部的刺激惊醒。第二阶段持续时间约为20分钟左右，这一阶段个体较难被唤醒，脑电生理变化会偶尔出现一种短暂爆发的，频率高、波幅大的脑电波，称为“睡眠锭”。在第三阶段，脑电波的频率会继续降低，波幅变大，出现δ波，有时也会有“睡眠锭”出现。第三阶段大约持续40分钟。当大多数脑电波开始呈现为δ波时，表明已进入睡眠的第四阶段，即为深度睡眠阶段。在深度睡眠阶段，个体的肌肉进一步放松，身体功能的各项指标变得极为缓慢。第三、四阶段的睡眠通常被称为“慢波睡眠”。几乎所有人的睡眠都会经历这四个阶段。如果睡眠模式异常，就预示着心理功能的失调。

前四个阶段的睡眠要经过60~90分钟，之后睡眠由深入浅，再次进入第三阶段和第二阶段。这时睡眠者会有翻身的动作，容易被惊醒。10~15分钟后，会突然进入一个新的阶段，被称为快速眼动睡眠阶段。这时候脑的生理电活动迅速改变，δ波消失，高频率、低波幅的脑电波出现，与个体在清醒状态时的β波很相似。快速眼动睡眠阶段，睡眠者的眼球开始快速做左右上下运动，部分躯体会有抽动。如果在这个时间把睡眠者唤醒，睡眠者通常会说他正在做梦，梦境生动逼真，栩栩如生。在快速眼动睡眠阶段，肌张力低下，浑身肌肉松软，心跳、呼吸变得不规则，血压有升高，如同清醒状态或恐惧时的反应。第一次快速眼动睡眠一般持续5~10分钟。在经过大约90分钟后，会有第二次快速眼动睡眠，持续时间通常长于第一次。在这种周期性的循环中，当黎明临近时，第三阶段与第四阶段的睡眠会逐渐消失。

老年人睡眠时的脑电图表现是：每个睡眠周期的时间缩短，经常发生从一个睡眠期到下一个睡眠期的快速变化，而且睡眠周期容易中断。有些老年人睡眠时出现呼吸暂停，每次呼吸暂停都会引起明显的睡眠中断，每次中断后即出现较短或稍长时间的觉醒状态，所以老年人的睡眠不如年轻人深沉，稍有惊动就会醒来。

（二）睡眠障碍

正常睡眠要有一定的睡眠质量，就是睡眠能保持一定的深度和持续一定的时间，使大脑和躯体得到充分休息，能保证白天人体的各种生理功能处于正常状态。如果正常睡眠的启动与调节过程发生错乱，引起“睡眠—觉醒”的节律紊乱，导致睡眠质量异常，被称为睡眠障碍。睡眠障碍的人会出现疲劳、头昏、精神不振、全身乏力等，严重影响患者的社会功能。

睡眠障碍是临床上最常见的症状之一。老年人抱怨睡眠不好的有很多，70 岁以上的老年人诉说入睡困难者约占 42%，主诉早醒及睡眠过少者比比皆是。一份关于老年住院患者的调查统计指出，约有 22% 的住院患者需服用催眠药，帮助入睡。因此，有不少医学家认为，睡眠障碍是对老年人健康的最常见威胁之一。

1. 睡眠障碍的原因

（1）全身性疾病引起的失眠。如中枢神经系统功能的退行性病变，调节睡眠神经体液能力下降，会造成周期性“睡眠—觉醒”节律改变；肾功能老化造成肾小管重吸收率下降，会引起夜尿频繁，影响患者的睡眠质量；随着年龄增长，脑动脉硬化程度逐渐加重，可使脑部血流减少，进而造成睡眠障碍；前列腺炎会引起夜尿频多，使患者的睡眠时间比正常人明显减少；胃食管反流引起的胸痛、胃灼热症状等也会造成失眠。

（2）由于环境因素和精神因素引起的失眠。环境变化如旅行时乘坐火车、飞机，睡眠环境过于吵闹、不舒适；睡前脑力活动过度，如观看过于刺激的电视节目，造成过度兴奋、焦虑、恐惧、担心等，惧怕疾病，担忧老无所养，忧心家庭琐事等都会影响睡眠。

（3）药物导致的失眠。很多药物都会引起失眠，如麻黄碱、咖啡因等，会引起交感神经系统功能亢进，影响睡眠。

2. 睡眠障碍的临床类型

老年人群是睡眠障碍的好发群体，其睡眠障碍的发生率远高于其他年龄组。几乎90%以上的老人在某一段时间里都有过失眠和白天睡眠过多的主诉。睡眠与觉醒障碍主要有以下类型：入睡困难型（失眠症）、白天过度睡眠型、24小时“睡眠—觉醒”周期紊乱型以及睡眠中有游走、夜惊、梦魇等异常现象的异常睡眠型。

下面我们将重点了解入睡困难型睡眠障碍，即睡眠的发动与维持困难。正常人在卧床30分钟之内能够入睡，如果超过30分钟仍然不能入睡，就叫作入睡困难型，也叫失眠症。

（三）失眠症

失眠症是指睡眠时间或质量不能令本人满意，明显造成日间功能障碍，并在心理上产生恶性循环，从而使失眠持续存在的一种睡眠障碍。与正常人相比，失眠症患者在睡眠时的脑电图记录更容易不正常，常出现α波。而α波通常在睡眠中不会出现，常出现在个体处于清醒并且是休息状态时。

失眠可以是单独的一种疾病，也可以是各种躯体和心理疾病的伴随症状。如果失眠存在，但其他表现不符合特征性的疾病症状，称为原发性失眠症。原发性失眠症按睡眠的时段，常有三种表现形式：①入睡困难型，这类失眠受心理因素的影响较明显。情绪兴奋、紧张焦虑等都易引起入睡困难。②保持睡眠困难型，表现为睡眠较浅，梦多，感觉似睡非睡，或夜间易醒，醒后不能入睡等。③早醒型，清晨觉醒过早，醒后不能入睡。

1. 失眠的原因

老年人的失眠往往是缓慢发生的，失眠的原因与年轻人有所不同，既可以是正常衰老的表现，或来自不良的睡眠习惯，也可以是某些疾病的参与所致。产生原因大致有以下几个方面：

(1)环境因素。如更换住所，居住环境声音嘈杂，房间光线刺眼等。

(2)诱发性因素。睡前饮用兴奋性物质如咖啡、浓茶易引起精神兴奋，造成入睡困难，睡前进食过饱或喝水太多等也会引起睡眠困难。

(3)心理因素。失眠症与精神紧张、焦虑不安、内心困扰有很大关系。调查发现，失眠的人大多有不安倾向，恐惧让他们无法入睡。澳大利亚精神科医生贝兰·沃尔夫研究发现，失眠症是自卑者最容易表现出来的病症之一，他认为失眠症是未解决的心理问题通过失眠这种状态反映出来的一种病症。

2. 失眠症的危害

一方面，长期失眠会导致个体心身疲惫，注意力不集中，记忆、思维能力下降，日常学习、工作效率低下，使个体心情烦躁，容易激惹，与周围人相处格格不入，矛盾频发，甚至导致悲观绝望厌世情绪。另一方面，长期失眠不仅使个体身体免疫功能下降，对各种疾病的抵抗力减弱，同时会加大冠心病、高血压、胃肠道疾病、糖尿病、老年性痴呆等躯体疾病发作的危险，增长住院时间。

3. 失眠症的诊断

失眠程度比较严重或持续时间长，至少每周发生3次以上，并至少持续1个月以上，排除药物、躯体疾病或精神障碍症状导致的继发性失眠，就可以判定为失眠症。诊断要点如下：

(1)入睡困难。一般人需要15~30分钟就能进入睡眠状态，如经常超过60分钟仍然不能入睡，称入睡困难，临床上形象地把这种失眠称为"猫头鹰式睡眠"。

(2)睡眠浅。多梦易醒，睡眠极不安稳，醒后不易再睡。

(3)早醒。每天在早晨四五点钟即从睡梦中醒来，醒后觉得"不解乏"，感到疲惫无力但难以入睡，醒后闷闷不乐。

4. 失眠症的治疗

(1)药物治疗。失眠患者常用的催眠药物为苯二氮类，这类药物具有较强的抗焦虑、镇静催眠作用，诱导入睡较快，可缩短入睡潜伏期，减少夜间觉醒的次数。这类药物药理作用持续时间有长效、中效、短效和超短效之分，服用药物时应结合睡眠障碍患者的具体情况选择适宜的药物。如艾司唑仑作用持续时间短暂，适用于入睡困难者；阿普唑仑作用持续时间较长，适用于睡眠不深、多梦早醒的患者，能减少夜间觉醒次数。失眠伴有抑郁焦虑症状时，同时给予小剂量抗抑郁药，能提高疗效。

(2)心理治疗。慢性失眠患者的心理因素是发病的重要病因之一，进行心理治疗，解除心理困扰，能克服过度紧张、焦虑、抑郁、惊恐及愤怒等不良情绪，对失眠不害怕、不抗拒，尽量做到放松顺其自然的心态对待，反而能较好入睡。不少患者对睡眠有较高的期望，总觉得睡不好，睡不着，称自己通宵做梦，噩梦不断，对睡眠质量夸大其词，这种认知偏差会加重对失眠的恐惧、焦虑，反而影响睡眠质量，使失眠症状迁延不愈。因此，医生在倾听、理解、让患者感到被接纳的基础上，引导患者对失眠引起的症状及苦恼有一个客观、正确的理解和认识，改变错误的认知观念，接受失眠现状，消除恐惧心理，减轻精神上的压力，反而可以提升睡眠质量。或者选择一个舒适、安静、光线柔和的睡眠环境，睡前做一些简单的放松训练如腹式呼吸、肌肉松弛练习等，帮助患者有意识地控制自身的心理生理活动，降低唤醒水平，促进睡眠。

5. 睡眠障碍自我评估

良好的睡眠意味着健康的人生，睡眠障碍可以降低人体免疫能力，加大患病风险，导致和加重许多疾病如冠心病、高血压、胃肠道疾病、糖尿病、老年性痴呆等疾病发生。临床常用阿森斯失眠量表帮助个体了解自己的睡眠情况。阿森斯失眠量表（athens insomnia scale，AIS）主要用于受试者睡眠困难的自评，让受试者评价上个月中每周经历至少发生在 3 次以上的情况，让被试者选择符合自己情况的选项，每个选项分别代表 0 分，1 分，2 分，3 分。结果判定：0～3 分为无睡眠障碍，4～5 分可能有睡眠障碍，6 分以上存在失眠。患者得分越高，睡眠质量越差，需要引起重视。

阿森斯失眠量表(AIS)

1. 入睡时间(关灯到进入睡眠的时间)。

0. 没有问题　　1. 轻微延迟
2. 明显延迟　　3. 严重延迟或基本没睡

2. 夜间觉醒。

0. 没有问题　　1. 轻微影响
2. 明显影响　　3. 严重影响或基本没睡

3. 最终醒来时间较通常时间早醒。

0. 没有问题　　1. 轻微提早
2. 明显提早　　3. 严重提早或基本没睡

4. 总睡眠时间。

0. 没有问题　　1. 轻微不足
2. 明显不足　　3. 严重不足或基本没睡

5. 总体睡眠质量(无论睡眠时间长短)。

0. 满意　　1. 轻微不满
2. 明显不满　　3. 严重不满或基本没睡

6. 白天的情绪状态。

0. 没有问题　　1. 轻微影响
2. 明显影响　　3. 严重影响

7. 白天的身体状态(体力和脑力等)。

0. 没有问题　　1. 轻微影响
2. 明显影响　　3. 严重影响

8. 白天的睡意。

0. 没有问题　　1. 轻微思睡

2. 明显思睡　　3. 严重思睡

四、老年心境障碍及诊治

（一）心境障碍的概述

心境障碍是一种表现在情感方面的异常活动的心理疾病。心境障碍也称情感性精神障碍，以显著而持久的心境改变为基本特征。心境障碍在临床上主要表现为情绪高涨（躁狂）或情绪低落（抑郁），并伴相应的认知及行为异常，如幻觉、妄想、精神运动性兴奋或抑制等。本病具有周期发作的特点，发作间歇期精神活动基本正常，自然病程长短不一，预后一般较好。

（二）心境障碍的种类

根据《中国精神障碍分类系统中国精神疾病分类及诊断标准》（第三版）的相关规定，心境障碍按其发作形式不同，分为两大类：单相心境障碍（躁狂症或抑郁症），仅有躁狂发作或仅有抑郁发作；双相心境障碍（曾称躁郁症），既有躁狂又有抑郁发作，躁狂和抑郁反复循环或交替出现并持续一段时间，给个体的日常生活和社会功能造成不良影响。

（三）抑郁症

老年抑郁症是一种常见的心理疾病，60 岁以上老人大约 15% 患有抑郁症，55 岁以上老年人罹患抑郁症的比例为 10%～15%，在患有躯体疾病的老年人中，抑郁症的发生率高达 50%～55%，其中女性的发病率明显高于男性。

1. 老年抑郁症的临床表现

抑郁症的典型症状是以情感低落、思维迟缓、意志活动减退为核心的“三低”症状。在抑郁的“三低”症状的基础上，老年抑郁症患者会伴发其他躯体症状和心理表现。

（1）情感低落。情感低落是老年抑郁症的主要症状，表现为一直精神抑郁、情绪不宁、沉默不语、喜怒易哭，对任何事情都毫无兴趣、缺少愉快感，自觉老而无用。半数以上的老年抑郁症患者还表现为终日烦躁不安、坐卧不宁，频频唉声叹气，稍不如意就大发脾气等，以容易激惹、攻击、敌意为主要表现，情绪波动比较大。情绪低落有晨重暮轻的特征。有时躯体性焦虑会完全掩盖抑郁症状，使忧伤的情绪不能很好地表达。

（2）思维迟缓。主要表现为思维缓慢、反应迟钝，决策能力及解决问题能力受损，遇事常犹豫不决。老年抑郁症患者大多存在一定程度认知功能损害的现象，所以老年人时常会发出“老了，不中用了”的感叹。

（3）意志活动减退。主要表现为日常活动呈普遍的抑制状态，行动缓慢，少言少语，说话时语调低沉，语速缓慢，对日常生活失去热情，什么都不想做，不愿意与人交往，整天闭门不出，离群索居，疏远亲友。

（4）躯体症状。因为情感长期低落，部分患者出现浑身不适，如头晕恶心、腰酸背痛、心慌气短、胸闷难受，腹部不适或便秘等躯体症状，还会出现入睡困难、睡眠不深，梦中易惊醒、早醒等睡眠障碍。在众多躯体不适感的基础上，老年人会出现疑病心理，折腾于各大医院，遍寻名医，大做身体检查。据调查，60%的老年抑郁症患者会出现疑病症状。

（5）自杀倾向。由于自我评价低，对前途悲观失望，患者很容易产生自责、自罪、厌世心理，老年抑郁症患者会反复出现死的念头和自杀倾向，脑子里反复盘旋与死亡有关的念头，自杀危险性较高，尤其是合并其他疾病的患者。据调查，患抑郁症的老人有 10%以上会采取自杀行为。

2. 老年抑郁症的诊断

参照《中国精神障碍分类与诊断标准第三版》（CCMD-3）的诊断标准，以心境低落为主要表现，可以从闷闷不乐到悲痛欲绝，严重者不吃不喝，不言不语，一动不动，临床称之为抑郁性木僵；部分严重患者可出现幻觉、妄想等。

（1）症状标准。以心境低落为主，心境低落与其处境并不相符，并至少有下列四项。①无愉快感，兴趣丧失；②精力减退或疲乏感；③精神运动性迟滞或易激惹；④自我评价低，自责，有内疚感；⑤联想困难或自觉思考力下降；⑥反复出现想死的念头或有自杀行为;⑦有睡眠障碍,如失眠、早醒等。

(2)严重标准。社会功能受损,给本人造成痛苦或不良后果。

(3)病程标准。符合症状和严重标准至少已持续2周。

(4)排除标准。排除器质性精神障碍或精神活性物质或非成瘾物质所致的抑郁。

3. 抑郁症的治疗

(1)药物治疗。目前临床上常用的抗抑郁药物有两大类,一类为5-羟色胺重吸收抑郁剂,如舍曲林、帕罗西丁、氟西汀等,这类药物副作用较小,长期服用安全;另一类为三环类抗抑郁药物,如多虑平、阿米替林、丙咪嗪等,这类药物副作用较多,易引起心跳加快、便秘、口干、排尿困难、视力模糊、窦性心动过速、青光眼加剧、四肢颤动等。因此服用抗抑郁药物应在医生指导下,从小剂量开始,足量足疗程服用,并观察药物的副作用。

(2)心理治疗。俗话说,心病还需心药医,心理治疗在治疗抑郁症上占有重要位置。作为子女对老人要关心孝敬,没事常回家看看,空闲时间多陪父母聊聊天,给予老人心理上的支持和安慰,努力营造温馨和谐的家庭气氛,避免老年人产生孤独、无用感;可以采用劝导、启发、鼓励等方法,帮助患者发挥其潜在能力,提高克服困难的能力,从而促进心身康复。老年人也要努力让自己的日常生活充实起来,不要过分地依赖他人;平时心胸要坦荡,遇事不斤斤计较,学会难得糊涂;心里有什么不痛快的事,要学会倾诉,可向子女或朋友诉说等。

（四）躁狂症

1. 老年躁狂症的临床表现

躁狂症的临床表现是典型的“三高”症状，即情感高涨，思维奔逸，意志活动增强。部分患者可表现出精神病性症状，如幻觉、妄想等。

（1）情感高涨。情感高涨是一种强烈的、持久的、病态的喜乐状态，患者精神亢奋，整天喜气洋洋，笑逐颜开，似乎从没有忧愁和烦恼。生动和高涨的情感表现与内心体验和周围环境基本协调一致，极富感染力，常可引起周围人的感情共鸣。有的患者以情绪不稳定、易激惹为主要特征，情绪骤起骤落，变幻莫测，常为某种小事怒不可遏，指责谩骂他人，甚至伤人毁物，但往往片刻即逝，转怒为喜，若无其事。因为心境高涨，自我评价高，自认为自己聪明有才。严重者会出现幻觉与妄想，幻觉多见于幻听，内容多是称赞；妄想多是夸大妄想，但一般持续时间不长。

（2）思维奔逸。患者联想速度明显加速，思维内容丰富多变、跳跃性强，自我感觉脑子非常灵活，非常聪明，有明显的言语运动性兴奋，常表现为口若悬河、滔滔不绝、手舞足蹈，常因说话快和过多而口干舌燥、声音嘶哑。患者联想加速，反应敏捷，但联想内容比较浮浅，常存在音联、意联、随境转移现象。

（3）意志活动增多。患者精力旺盛，动作快速敏捷，活动明显增多，但日常活动常有始无终，虎头蛇尾，一事无成。患者经常早出晚归，风风火火，忙碌不停，不知疲倦。

（4）其他表现。患者因为自我感觉良好，少有躯体不适的主诉。患者虽然整天忙忙碌碌，早出晚归，但毫无倦容，常表现为面色红润，目光炯炯有神，体重略有减轻；患者睡眠需求减少，常有入睡困难和早醒；有心率加快，性欲亢进表现。

2. 老年躁狂症的诊断

参照《中国精神障碍分类与诊断标准第三版》（CCMD-3）的诊断标准，可分为以下几类。

（1）症状标准。以情绪高涨或易激惹为主要特征，且至少有以下症状中的三项：①注意力不集中或容易随境转移；②语量增多，语速快；③思维奔逸、联想加快或意念飘忽；④自我评价过高或夸大；⑤精力充沛，不知疲倦、活动增多，难以安静；⑥鲁莽行为（如挥霍、不计后果的行为）；⑦睡眠减少；⑧性欲亢进。

（2）严重标准。严重损害社会功能，或给别人造成危险或不良后果。

（3）病程标准。符合症状标准和严重标准并至少已持续 1 周时间。

（4）排除标准。排除器质性精神障碍，或精神活性物质和非成瘾物质所致躁狂。

3. 躁狂症的治疗

（1）药物治疗。抗躁狂首选药物碳酸锂。但由于锂盐治疗剂量与中毒剂量比较接近，因此用药期间，需对患者的血锂浓度进行监测，依据监测结果和病情变化调整剂量。

(2)心理治疗。躁狂症常见的心理治疗方法有认知行为治疗、支持性治疗,帮助患者分析个体目前面临的压力、其不良性格及应对外界压力的方式,协助患者寻找相关的解决方案,调整心态。另外,家属在躁狂症的治疗过程中起到至关重要的作用,要积极参与,生活中要关心尊敬患者,引导患者合理表达自己的需求,对合理需求尽量给予满足,不能满足的要耐心解释,同时引导、陪伴患者参加合适的娱乐活动,转移病态思维。

五、老年神经症及诊治

(一) 神经症概述

神经症是一种可逆的,持久地表现为烦恼、紧张、抑郁、焦虑、恐惧、强迫症状、疑病症状或神经衰弱等症状的精神障碍,病程多持续迁延,常常持续数月或数年。CCMD-3 将神经症分为焦虑症、强迫症、疑病症、神经衰弱或其他待分类的神经症。

1. 神经症的共同特征

(1)持久的心理冲突和深刻的痛苦体验。神经症的患者长期(至少 3 个月以上,惊恐发作除外)处于一种无力自拔的自相矛盾的心理冲突中,个体无法使其协调一致,内心极度痛苦。患者无时无刻不在体验痛苦并时刻生活在与症状的对抗中。喜欢诉苦成为神经症患者最常见的主要表现。例如某女,偶然看到报纸上介绍玻璃碎裂伤到人的报道,从此以后莫名其妙地担心害怕会遇到同样的问题,每当看到玻璃就会担心玻璃会不会突然碎裂,明知不可能，但控制不住地担心，为此内心痛苦异常。

（2）其症状没有明确的器质性病变为基础。神经症患者对存在的症状感到痛苦不堪，但患者的精神痛苦与其现实处境并不相符。

（3）无明显的幻觉、妄想和显著的意志行为紊乱等精神病性症状。自知力大都良好，有现实检验能力，能认识到自己有病，对自己的疾病状况有着一定的判断力，有迫切的求治需求。

（4）社会功能受损，但相对完好。患者行为处于社会规范允许的范围之内，能遵纪守法，能应付日常的生活及工作，但个体在学习、工作中和人际交往方面相对吃力，工作效率低下。严重者甚至不能正常工作学习，不得不休病在家回避某些必要的社会交往。

2. 神经症的诊断

中国心理卫生协会许又新教授结合患者的发病持续时间、精神痛苦程度及社会功能受损程度，制定了一个辅助判断神经症的量表，认为个体总分4~5分为可疑病例，须进一步观察；大于或等于6分确诊为神经症（表7-1）。其中轻度社会功能受损者能照常工作，人际交往有轻微妨碍；中度社会功能受损者工作学习效率下降，不得不减轻工作或改变工作；重度社会功能受损者完全不能工作学习，对正常社会交往持回避态度。

表 7-1　神经症的判断表

分值	病程	精神痛苦程度	社会功能受损
1 分	3 月以内	能自行摆脱	轻微受损
2 分	多于 3 月少于 1 年	需借助他人摆脱	中度受损
3 分	大于 1 年	几乎无法摆脱	无法生活

注:另外对精神痛苦和社会功能的评定,至少要考虑近三个月的情况才行。急性的惊恐发作病程是一个月。

（二）焦虑症

焦虑症是一种持久地以焦虑情绪为主要特征的神经症,伴有自主神经系统症状与运动性不安等特征,焦虑情绪并非由于实际的威胁所致,且其紧张不安与恐慌的程度与现实情况并不相称,常伴有植物神经紊乱、肌肉紧张与躯体运动性不安。

生活中常见有这样的患者,他们多方奔走于综合医院,见医生就滔滔不绝地说浑身难受,胸口发堵,不能躺,不能坐,不愿吃,不能睡,不能干活等,经常头昏脑涨,脑门冒汗,但颅脑 CT 无异常,24 小时动态心电图无异常,胃肠透视、胃镜检查无异常,血液化验也正常,提示无器质性病理改变的身体不适,与患者痛苦程度也不符。这是焦虑症躯体焦虑的复杂表现。其原因是过度的内心冲突,自主神经功能失调,交感神经系统亢奋引起的一些躯体症状。

1. 常见类型

焦虑症的主要临床表现有广泛性焦虑和惊恐发作两种形式。

(1)广泛性焦虑是以缺乏明确对象和具体内容的提心吊胆、担心紧张不安或对现实生活中的某些问题过分担心为主要特征的一种神经症。①精神方面表现有与现实不相称的莫名其妙的过分担心、焦虑体验，是广泛性焦虑的核心症状，患者终日坐卧不宁，忧心忡忡，好像不幸就要降临一样；②躯体方面表现为躯体运动性不安现象，捶胸顿足，来回走动，不能静坐等，可见面肌、手指震颤等，和自主神经功能紊乱如心慌、心跳加速、气急、头晕、多汗、面部潮红或苍白，胃部不适、恶心等现象；③机体警觉性增高，对外界刺激易出现惊跳反应，易激惹，入睡困难，易惊醒，注意力集中困难，记忆力下降（图 7-1）。

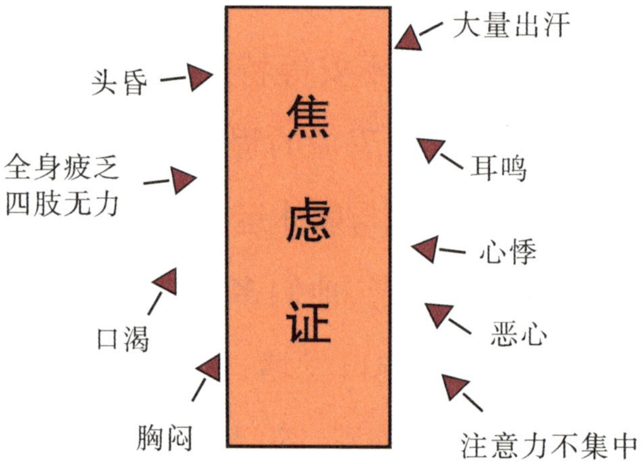

图 7-1　焦虑症患者表现

（2）惊恐发作指患者在没有客观危险、无明显诱因的情况下突然出现强烈的恐惧感，发作时伴有濒死感和失控感，同时伴有自主神经症状如心慌气短、呼吸困难、头晕或晕倒感、咽喉梗阻感、过度换气、大汗淋漓、四指发抖、手脚麻木、胃肠不适等。这种发作常突然出现，历时 5～20 分钟后可自行缓解，很少超过 1 小时，发作后一切正常，不久后可再发，且发作并不局限于任何特定的情景,具有不可预测性。

2. 焦虑症的诊断

(1)广泛性焦虑的诊断。①症状标准:以持续的原发性焦虑症状为主,并符合下列条件:a. 经常或持续的无明确对象和固定内容的恐惧或提心吊胆;b. 伴自主神经功能紊乱症状或躯体运动性不安。②严重标准:患者因难以忍受又无法解脱的痛苦导致社会功能受损,工作学习效率下降。③病程标准:符合症状标准至少已 6 个月。④排除标准:a. 排除甲状腺功能亢进、高血压、冠心病等躯体疾病的继发性焦虑;b. 排除兴奋药物过量或其他心理疾病如强迫症、恐惧症、疑病症、躁狂症、抑郁症,或精神分裂症等伴发的焦虑。

(2)惊恐发作的诊断。①症状标准:符合焦虑症的诊断并以惊恐障碍为主,并需符合以下症状中的四项:a. 无明显诱因反复出现不可预期的惊恐发作;b. 在发作间歇期,除害怕再发作外,无明显症状;c. 发作时表现强烈的恐惧、焦虑,及明显的自主神经症状,如心悸、心慌等胸部不适,恶心想吐等腹部不适或气短窒息感等并常有濒死或失控感等痛苦体验;d. 发作突然开始,迅速达到高峰,发作时意识清晰,事后能回忆;e. 对引发惊恐情绪的环境有回避行为。②严重标准:患者因难以忍受又无法解脱的痛苦导致社会功能受损。③病程标准:在 1 个月内至少有 3 次惊恐发作,或在首次发作后继发害怕再发作的焦虑持续 1 个月。④排除标准:排除某些精神障碍如精神疾病的幻觉、妄想等引发的惊恐发作以及躯体疾病如癫痫、心脏病发作、甲亢或自发性低血糖等继发的惊恐发作。

3. 焦虑症的治疗

焦虑症起初只表现为突出的焦虑情绪，而且人们往往忽略这种心理疾病，常把原因归结到一些器质性疾病，比如心脏病、糖尿病等。需要注意的是焦虑症和一时的焦虑情绪不同，它会导致老年人身体免疫力下降，心情抑郁，深深影响老年人的健康生活。所以一旦发现老年焦虑症前兆，最好及时治疗，防止病情恶化。

（1）药物治疗。如果焦虑过于严重时，还可以遵照医嘱，选服一些抗焦虑的药物。常用的抗焦虑药物为苯二氮草类，如安定、舒乐安定、硝基安定、佳乐定等，其抗焦虑效果强，起效快，安全可靠而被广泛应用，缺点是容易产生耐药，往往需要不断地增加剂量以保持疗效。因为焦虑障碍病程迁延，复发率高，为达最佳疗效一般需在医生指导下长期用药。

（2）心理治疗。常用的有认知疗法、放松疗法和支持疗法等。因为患者对焦虑症不了解或有不正确的认识，容易胡思乱想，如当惊恐发作时，有人会认为自己“要死了”或得了“严重疾病”，加大内心的恐惧与不安。对患者躯体感受给予合理的解释，引导患者认识疾病的性质为功能性而非器质性，消除引起焦虑的内心矛盾和可能有关的因素，减少患者对疾病的过度担心和紧张，有利于患者的康复。有条件的也可以练习一下肌肉放松，打打太极拳等，在锻炼的时候尽情地去发泄自己所有的烦闷和不满，不要去想那些不值得、不必要担心的事情,使老人的病情得到很好的缓解和控制。

（三）强迫症

强迫症是一种以强迫思维和强迫行为为主要临床表现的神经症,其主要特点是患者有意识的强迫和反强迫并存,两者强烈冲突,一些违背自己意愿、毫无意义的想法或刻板的礼仪或无意义的行为反复纠缠患者的日常生活,使患者感到焦虑和痛苦。患者虽体验到这些想法或冲动是来源于自身,违背自我意愿,是毫无意义的,主观意志极力抵抗但无法控制。如某患者每次站在窗前,脑中就闪现玻璃碎了刺伤自己的担忧,明知不必要,但控制不住,为此非常痛苦。

1.临床表现

强迫症的基本症状是强迫观念和强迫动作。

(1)强迫观念。表现为反复而持久的观念、想法和冲突念头。表现形式有:①强迫怀疑。对自己言行的正确性反复产生怀疑,对已完成的事情总是放心不下。如反复怀疑液化气没有关,门没有锁好等。怀疑的同时伴发明显的焦虑情绪。②强迫性穷思竭虑。对生活中的自然现象寻根问底,反复思索,明知无现实意义,但控制不了。如一加一为什么等于二,是先有鸡呢还是先有蛋等。③强迫性对立思维。患者脑子中出现一个观念或句子,便不由自主地联想起与之相反的观念与语句。④强迫回忆。经历过的事不由自主地在意识中反复呈现,无法摆脱。⑤强迫意向。有某种违背自己意愿的强烈的内心冲动,明知荒谬但控制不住。如抱着孩子站在阳台上时，产生想把孩子扔下去的冲动；过马路时，想到要冲向迎面驶来的汽车等。⑥强迫联想。当患者听到、看到某一事物时，就不由自主地联想到一些情景，如见到有人抽烟就想到失火。⑦强迫情绪。患者担心在接触某些事物或某种特殊环境中控制不住自己的情绪，做出不理智的甚至违法的行为。如害怕失控，害怕伤害他人，害怕说错话等。

（2）强迫行为。强迫行为是患者为减轻强迫观念引起的焦虑，不由自主地采取的顺应行为。主要表现为：①强迫检查。反复检查做过的事。②强迫询问。因不相信自己，为消除疑虑，常反复要求他人不厌其烦地给予解释或保证。③强迫性洗涤。为了消除脏物、毒物、细菌污染的担心，常反复洗衣、洗澡、洗手。④强迫性仪式动作。患者为减轻强迫观念引起的紧张不安，而采取的一些不合理的或荒谬的按照一定顺序的强迫性仪式动作。如进门一定要先迈左脚后迈右脚。⑤强迫性计数。患者遇到一些物体时，会控制不住地计数。如数电线杆，数台阶，数地砖等，如没计数就会焦虑不安。

2. 强迫症的诊断

参照《中国精神障碍分类与诊断标准第三版》（CCMD-3）的诊断标准。

（1）症状标准。符合神经症的诊断标准，并以强迫症状为主，至少有下列一项：①以强迫观念为主；②以强迫行为为主；③强迫观念和强迫行为同时并存。

（2）严重标准。社会功能受损。

（3）病程标准。符合症状标准至少已3个月。

（4）排除标准。排除精神分裂、癫痫等所伴有的强迫症状。

3. 强迫症的治疗

（1）心理治疗。治疗师通过和患者建立良好的医患关系，倾听患者，在理解、接纳患者痛苦的基础上，帮助其发现并分析内心的矛盾冲突，推动患者解决问题，增加其适应环境的能力，重塑健全人格。思维阻断法是治疗强迫症比较有效的心理治疗方法。思维阻断法是在患者反复出现强迫思维时通过转移注意力，如以谈话或邀请参加某种活动的方法分散转移其注意力或施加外部控制，比如利用设置闹钟铃声，来阻断强迫思维。

（2）药物治疗。研究认为，强迫症与脑内多种神经递质失衡，造成神经系统功能的紊乱有关。临床上常选用5-羟色胺再摄取抑制剂（SSTIs），如帕罗西汀、舍曲林、氟西汀等抗抑郁药物，改善大脑神经递质的分泌，改善强迫症状。

4. 强迫症的自我检测

下列测试可以帮助我们了解自己是否有强迫行为。结合自己最近一月的表现，判断下列情况是否符合自己。每题1分。如果分数过高，说明可能具有强迫症的倾向。

（1）常常产生对病菌和疾病不必要的担心。

（2）常反复洗手而洗手时间很长，超过正常所必需的。

（3）常不得不毫无理由地重复相同内容和句子或数字。

(4)觉得自己穿衣,洗衣,脱衣,走路都要遵循特定的程序。

(5)常无必要地对东西进行过多的检查,如门、钱财、表格、开关等。

(6)不得不反复好几次做某些事情直到认为做好为止。

(7)对自己做的大多数事情都产生怀疑。

(8)一些不愉快的想法常违背自己的意愿进入头脑,使自己不能摆脱。

(9)常设想自己的粗心大意会引起灾难性的后果。

(10)时常无原因地担心自己患了某种疾病。

(11)常无原因地计数。

(12)在某些场合,很害怕失去控制,做出令人尴尬的事。

(13)常无必要地花了很多时间重复做某些事。

(14)当看到刀、尖锐物品时感到心烦意乱。

(15)常会为完全记住一些不重要的事而困扰。

(16)有时有毫无原因地想要破坏某些物品,或伤害他人的冲动。

(17)在某些场合,即使自己生病了,也想暴食一顿。

(18)当听到自杀、犯罪,或生病时,会心烦意乱很长时间,很难不去想它。

（四）疑病症

疑病症是一种以持久地担心或相信自己患有严重躯体疾病的观念为主，因而四处求医的神经症，这类患者对健康过分关心，总害怕或怀疑自己患了某种严重的疾病，稍一头痛，就怀疑脑子里长了东西，频繁辗转于多家医院，喋喋不休诉说身体不适与就医经历，生怕自己说漏信息。但临床各种医疗检查并不支持患者的病理观念。本病多呈慢性迁延病程，给治疗带来困难。

1. 临床表现

(1)有疑病观念。患者以躯体症状为借口，反复就医检查，各种医学检查阴性和医生的解释，均不能打消其疑虑，并对检查结果不相信，对医生的解释感到失望，甚至认为医生有故意欺骗和隐瞒行为(图 7-2)。

图 7-2　疑病症患者

(2)躯体症状与患者内心的痛苦不符。即使患者有时存在某种躯体障碍,也不能解释其所诉症状的性质程度或患者的痛苦。患者在警觉水平提高的基础上,一些轻微的身体功能变化也会引起患者的明显不适和严重不安,感到难以忍受,成为患了严重疾病的证据。

(3)患者对健康过虑。患者对自己的症状和疾病过分关心,害怕或怀疑自己患了某种严重的疾病,喜欢翻阅有关健康方面的杂志。

2.疑病症的诊断

参照《中国精神障碍分类与诊断标准第三版》(CCMD-3)的诊断标准。

(1)症状标准。符合神经症的诊断标准,以疑病症状为主,至少有下列一项症状:①对躯体症状过分担心,严重程度与实际情况明显不相称;②对健康状况如通常出现的异常感觉做出疑病性解释,但不是妄想;③有缺乏根据的牢固的疑病观念;④反复就医或检查,检查结果阴性和医生的解释均不能打消其疑虑。

(2)严重标准。社会功能受损。

(3)病程标准。至少已3个月。

3.疑病症的治疗

(1)心理治疗。过度关注自身健康,对身体轻微不适过度警觉,容易胡思乱想,是疑病症的主要特征。所以医生在诊断确定排除躯体疾病后,以心理治疗为主,停止不必要的临床检查。支持性心理治疗是疑病症治疗的主要方法。医生在倾听、同情、理解、关心患者的基础上，耐心帮助患者认识疾病本质，引导患者多培养一些业余爱好，多结交一些新的朋友，改变单调的、闭门自居的生活方式，这有助于患者的康复。对敏感多疑、感受性高的患者，也可采用暗示疗法。另外，老年人“疑病”多是与孤独感伴随而产生的，因此子女要尽量不让老人感到孤独和无依无靠，抽空多陪陪老人，和老人聊聊天，经常关心老年人的身心健康状况，每年带老人去医院进行全面体检，避免老年人疑神疑鬼。

(2)药物治疗。疑病症治疗的关键在于患者对治疗是否有信心，以及对医生是否高度信任等。药物治疗仅仅起辅助作用。医生应在建立良好医患关系的基础上，针对患者的焦虑和抑郁情绪，可酌情应用抗焦虑、抗抑郁药对症治疗，以缓解患者的焦虑恐慌情绪，切断“紧张—症状加重—紧张”之间的恶性循环，树立战胜疾病信心。

六、老年精神分裂及诊治

(一) 精神分裂症概念

精神分裂症是一组病因未明、具有思维、情感、行为等方面的障碍，以精神活动和环境不协调为主要特征的精神疾病。患者一般意识清楚，智能基本正常，但部分患者在疾病过程中会出现认知功能的损害。病程一般迁延，呈反复发作或加重恶化，部分患者最终出现衰退和精神残疾，但有的患者经过治疗后可保持痊愈或基本痊愈状态。

（二）临床表现

精神分裂的临床症状复杂多样，可涉及感知觉、思维、情感、意志行为及认知功能等方面，个体之间症状差异很大，即使同一患者在不同阶段或病期也可能表现出不同症状。

1. 感知觉障碍

精神分裂症可出现多种感知觉障碍，最突出的感知觉障碍是幻觉。幻觉是指个体对没有直接作用于感觉器官的客观事物产生逼真的知觉体验。包括幻听、幻视、幻嗅、幻味及幻触等，而幻听最为常见。言语幻听的内容多为贬义，如讽刺、挖苦、嘲笑、攻击等，致使患者痛苦、愤怒、不安，甚至产生攻击行为，偶尔也会有赞扬。言语性幻听是精神分裂的主要症状。根据其特点，有命令性幻听、评论性幻听、议论性幻听之分。

2. 思维障碍

思维障碍是精神分裂症的核心症状，主要包括思维形式障碍和思维内容障碍。

（1）思维形式障碍。主要表现在思维联想过程中的联想内容量及联想速度、联想连贯性及逻辑性等方面的障碍。精神分裂患者思维形式的障碍主要表现在以下几个方面：

1）思维散漫，指患者的联想内容松弛，内容散漫，患者所讲与所写，每一句话或句子结构完整，语句通顺，但整个谈话内容没有明确的主题，对内容的叙述不切题，上下文之间内容缺乏一定的逻辑性，说话东拉西扯，答非所问，故与患者交流非常困难。

2)思维破裂,指思维的联想过程缺乏逻辑性和有意义的连接,患者的语句尽管单独的语句在语法和结构上正确,但在主题之间,甚至语句之间也缺乏内在意义上的联系,变成语句的堆积,患者往往答非所问,令人不知所云,严重时患者言语支离破碎,甚至词句间也毫无联系,表现为词的杂乱堆积,称语词杂拌。思维破裂是精神分裂症具有诊断价值的特征性症状。

3)思维贫乏,指思维内容空洞,联想的内容减少,词汇贫乏,患者自认为大脑空虚,没什么可说的。与患者交流,患者讲话少且简单。患者自述脑子像空了一样。

4)思维插入,指思维的内容不受自己支配,患者感到在思维过程中有意想不到的不属于自己的想法被强行塞进脑中,个体无法抵制。

5)强制性思维,指思维的联想过程不受自己支配,患者感到脑内不自主地大量涌入许多不同的内容,无现实意义的想法,这些想法突然大量出现,突然消失。

6)思维被广播,患者感到自己的想法一出现即人尽皆知,因为怕被别人知道自己的想法,所以不敢想事情,内心极度痛苦。

7)语词新作,指患者自己创造了一些文字、符号、图形,来代表某些特殊的含义,只有患者自己明白,他人无法理解。

8)病理性象征思维,患者以某一具体事物来代替某一抽象概念,这一替代是患者独有的,不经解释别人很难明白。如反穿棉衣为显示表里如一,带白手套为显示清清白白,头撞汽车轮胎意为投胎等。

9)逻辑倒错性思维,患者出现逻辑推理错误,整个逻辑推理过程十分荒谬,既无前提,又无逻辑关系,甚至因果颠倒。

(2)思维内容障碍。主要表现为妄想。妄想是个体在意识清醒的状态下,在病态的推理与判断下所产生的一种严重脱离现实的、个体坚信不疑的歪曲信念。他人解释很难说服患者的不合理想法。妄想内容往往与社会、文化背景、个人经历有联系。精神分裂症患者常出现的妄想有以下几方面:

1)被害妄想。患者毫无事实根据和无中生有地坚持周围某些人或某些团体,在迫害他和他的家人。被害的方式可以是打击、诽谤、造谣中伤,也可以是跟踪、监视、投毒等,对象可以是邻居、同学、亲朋好友等个别人,也可以是某一组织或帮会等。为保护自己,在妄想影响下,患者会做出防御或攻击性行为。

2)关系妄想。患者将周围环境中一些实际上与其毫无关联的现象均认为与其有关。如他人的谈话、路人的举动、电视或报刊上的内容,甚至天气变化,患者均认为与其有关。

3)物理影响妄想。患者坚信自己的思想被某种物质所控制,如自己的思想被某人或电波及外星人控制。

4)嫉妒妄想。患者毫无根据地坚信自己的配偶对自己不忠,有第三者的存在,为寻找所谓的证据,患者往往采取跟踪、监视、限制配偶活动、检查对方的通讯记录等行为。因为觉得受了侮辱,患者会有攻击性行为的发生。

5)钟情妄想。患者坚信有异性对自己产生爱慕之情,即使遭到对方的拒绝,但仍坚信不疑,反而认为是对方在考验自己的忠诚,因而百般纠缠对方。

3. 情感障碍

情感淡漠及情感倒错是精神分裂症患者最常见的情感症状。情感淡漠指患者情感反应降低，对人对事漠不关心，表情呆板，内心体验贫乏，在有外界刺激或发生与患者有利害关系的事件时，患者缺乏相应的情感反应。如对久别重逢，生离死别时也无动于衷。情感倒错是指患者在有令人愉快的事件发生时出现悲哀情绪，在遇到令人痛苦之事时则出现快乐的情绪反应。此外，不协调性兴奋、易激惹、抑郁及焦虑等情感症状也较常见。

4. 意志和行为障碍

精神分裂症患者临床上常有精神运动性兴奋和精神运动性抑制两类。精神运动性兴奋常表现为精神活动的不协调，动作行为增加同当时的思维不一致，缺乏目的和意义，单调杂乱，令人费解。如有的精神分裂的患者会无诱因突然发生的冲动，攻击行为，表现为紧张性兴奋状态。多数患者在情感淡漠的同时，表现精神运动性抑制状态，活动减少，行为被动退缩，离群独处，缺乏应有的积极性和主动性，对工作和学习兴趣减退，不关心前途，对将来没有明确打算。严重时患者保持一个固定姿势，不语不动、不进饮食、不自动排便，对任何刺激均不起反应，口水流在口内也不吐出，临床称为木僵。木僵时以缄默、随意运动减少或缺失以及精神运动无反应为特征。

5. 认知功能障碍

精神分裂症患者中约85%的患者出现认知功能障碍,如他们在语言记忆、操作记忆、注意力与信息处理速度、语言的流畅性与执行功能等认知功能的受损情况。认知功能受损可能在精神分裂的早期已经发生。

(三)精神分裂症的诊断

1. 症状标准

至少有下列中的两项,并非继发于意识障碍、智能障碍,情感高涨或低落等。

(1)反复出现的言语性幻听。

(2)明显的思维散漫、思维破裂、言语不连贯或思维内容贫乏。

(3)思想被插入、被撤走、被播散、思维中断或强制性思维。

(4)被动、被控制或被洞悉体验。

(5)原发性妄想(包括妄想知觉、妄想心境)或其他荒谬的妄想。

(6)思维逻辑倒错、病理性象征性思维或语词新作。

(7)情感倒错或明显的情感淡漠。

(8)紧张综合征、怪异行为或愚蠢行为。

(9)明显的意志减退或缺乏。

2. 严重标准

自知力障碍，并且社会功能严重受损或无法进行正常工作与生活。

3. 病程标准

(1)符合症状标准和严重标准至少已持续1个月，单纯型另有规定。

(2)若同时符合精神分裂症和心境障碍的症状标准，当情感症状减轻到不能满足心境障碍症状标准时，分裂症状需继续满足精神分裂症的症状标准至少2周以上，方可诊断为精神分裂症。

4. 排除标准

排除器质性精神障碍及精神活性物质和非成瘾物质所致精神障碍。

(四)精神分裂症的治疗

以抗精神病药物治疗为主，同时进行心理和社会康复治疗。

1. 药物治疗

抗精神病药物治疗是目前最有效的治疗方法。常用药物有利培西酮、氯丙嗪等。需要注意的是药物治疗精神分裂症应系统规范，足量、足疗程用药，避免随意换药，私自停药，用药尽量遵循单一用药原则。

2. 心理社会康复治疗

对于经充分、系统的药物治疗病情明显好转的患者及康复期拟出院的患者,可采用必要的心理治疗。心理治疗对改善精神症状,提高自知力,稳定病情、减少复发、促进患者回归社会有极其重要的作用。

小结

本篇主要介绍了阿尔茨海默病、老年失眠症、老年个性障碍、老年神经症、老年情感障碍和老年精神分裂的主要表现及判别、防治的方法,希望老年朋友能及早发现自己不正常的心理表现,予以重视,及早治疗,努力营造和谐幸福的晚年生活。

参考文献

[1]沈政. 老年心理学与老人精神健康[M]. 北京:北京大学出版社, 1986.

[2]张春兴. 现代心理学[M]. 上海:上海人民出版社,1994.

[3]车文博. 心理咨询大百科全书[M]. 杭州:浙江科学技术出版社,2001.

[4]郭黎岩. 心理学[M]. 南京:南京大学出版社, 2002.

[5]《老年心理测试与辅导》编写组. 老年心理测试与辅导[M]. 北京:中国时代经济出版社,2002.

[6]张理义. 老年心理保健指南[M]. 北京:人民军医出版社,2003.

[7]玺璺. 老年心理障碍与诊治[M]. 广州:广州出版社,2004.

[8] 涂旭东. 医学心理学[M]. 西安:第四军医大学出版社,2010.

[9]甘景梨,刘凯军,刘晓辉. 老年心理卫生保健[M]. 北京:军事医学科学出版社,2011.

[10]沈丽华. 心理与精神护理[M]. 北京:人民卫生出版社,2015.

[11]平军辉,潘飞 . 精神障碍的诊治与康复[M]. 武汉:湖北科学技术出版社,2017.